少年伽利略

少年伽利略　　1

食鹽的顆粒是離子的晶體

食鹽是由鈉離子與氯離子組成

首 先，在本書的一開始，先來討論離子是什麼。

當成調味料的食鹽，原本是溶解在海水之中的各種離子，經過固化而得的成品，其主成分是「氯化鈉」（NaCl）。

每 1 公斤的海水之中，大約溶解了35公克的物質。在這之中，約有30.6%（10.7公克）是鈉離子（Na^+），約55.1%（19.3公克）是氯離子（Cl^-）。這些鈉離子與氯離子，在海水蒸發的過程之中結合，成為食鹽的主成分氯化鈉。

右圖是將食鹽主成分中的氯化鈉晶體，透過顯微鏡放大拍攝到的影像。晶體是原子、分子（數個原子結合而成的粒子）或離子以整齊的方式排列而成的固體。

氯化鈉的晶體

氯化鈉的晶體會依據海水的流動等因素，形成各式各樣的形狀。這張照片中的晶體形成於沒有擾動的海水表面，因此呈中心凹陷的四角形。市面上販售的食鹽形成於不斷攪動的海水中，因此氯化鈉晶體呈立方體（骰子狀）。

食鹽以「電力」連結在一起

將兩個離子結合在一起的
離子鍵

鈉 離子（Na$^+$）與氯離子（Cl$^-$），
為什麼會連結在一起呢？

鈉離子帶有正電，相對的，氯離子
帶有負電。

當海水蒸發，其中的離子濃度就會
跟著升高。此時，帶有正電的鈉離
子，與帶有負電的氯離子，會由於正
電與負電之間產生的吸引力而互相接
近。而距離彼此越來越近的鈉離子與
氯離子，像是摩擦過後的墊板透過靜
電力吸起頭髮，結合形成氯化鈉。

像氯化鈉這樣，在帶正電的離子與
帶負電的離子之間以電力將這兩個
粒子結合在一起的鍵，稱為「離子
鍵」。

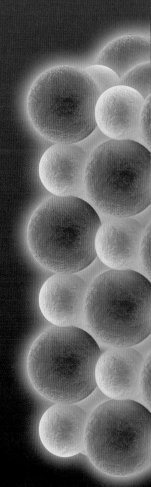

氯化鈉的晶體結構

氯化鈉的晶體中，鈉離子（黃色粒子）與氯離子（紫色粒子）會交互排列，以特定的規律組成。由於電力會向著四面八方發散，鈉離子與氯離子會接續結合上來，形成氯化鈉晶體。整體而言，鈉離子的數量會與氯離子的數量相當，因此整個晶體呈電中性。

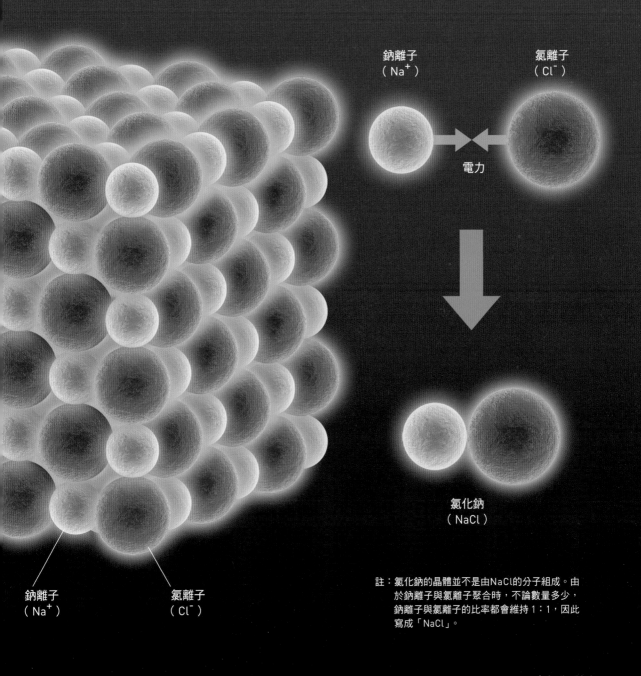

鈉離子
（ Na$^+$ ）

氯離子
（ Cl$^-$ ）

電力

氯化鈉
（ NaCl ）

鈉離子
（ Na$^+$ ）

氯離子
（ Cl$^-$ ）

註：氯化鈉的晶體並不是由NaCl的分子組成。由
　　於鈉離子與氯離子聚合時，不論數量多少，
　　鈉離子與氯離子的比率都會維持 1：1，因此
　　寫成「NaCl」。

「鈉離子」帶有正電荷

鈉原子放出電子形成陽離子

為什麼鈉離子（Na⁺）會帶有正電荷呢？

原子是由質子與中子形成的原子核，再加上電子組合而成。質子帶有＋1的電荷，電子則為－1。由於原子的質子和電子的數量會一致，因此整個原子會呈電中性。以鈉原子（Na）來說，質子與電子的數量各為11個，使鈉原子呈電中性。而原子在形成鈉離子的過程中，會放出 1 個電子，使

鈉原子（Na）

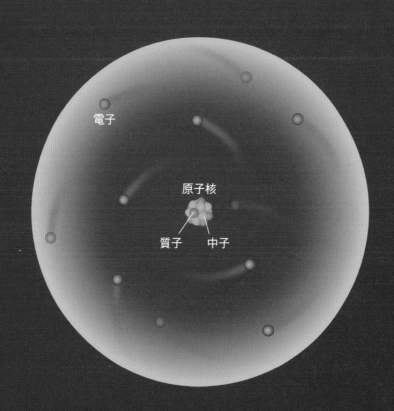

電子
原子核
質子　中子

電子：11個
質子：11個
中子：12個

電子數量變為10個。因此，鈉離子的
電量變成＋1。
　或許會好奇鈉原子為什麼會把1個
電子給放出來呢？這是因為鈉原子在
放出1個電子的狀態下，會比較「穩
定」。這樣的離子稱為「陽離子」
（詳見第18～19頁）。

鈉離子（Na⁺）

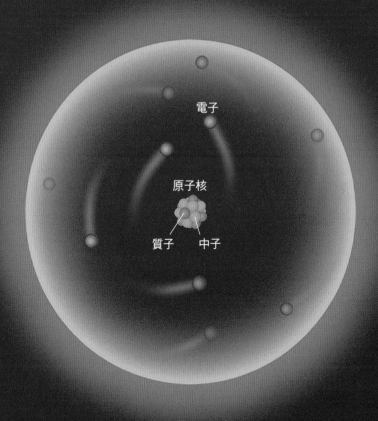

電子

原子核

質子　　中子

電子：10個
質子：11個
中子：12個

「氯離子」帶有負電荷

氯原子獲得電子形成陰離子

那麼氯離子（Cl⁻）又為什麼帶有負電荷呢？

氯原子（Cl）有17個電子，而氯原子的原子核中，共有17個質子。因此，氯原子會呈電中性。

相對地，氯離子有18個電子，這是因為氯原子在形成氯離子的過程中，會從其他原子獲得 1 個電子。而氯離子的原子核有著17個質子，由於帶有−1電量的電子數量多了 1 個，因

氯原子（Cl）

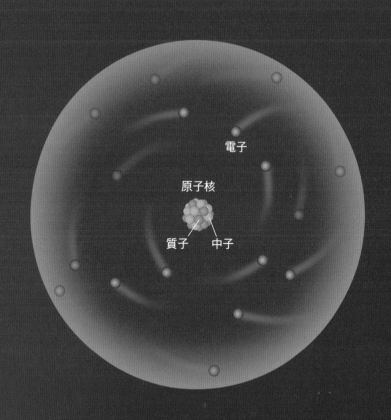

電子：17個
質子：17個
中子：18個

此氯離子整體會帶有－1的電量。

　氯原子在形成氯離子的過程中會獲得 1 個電子，是因為在這種狀態下較「穩定」。像氯離子這樣帶有負電的離子，稱為「陰離子」（詳見第20～21頁）。

氯離子（Cl⁻）

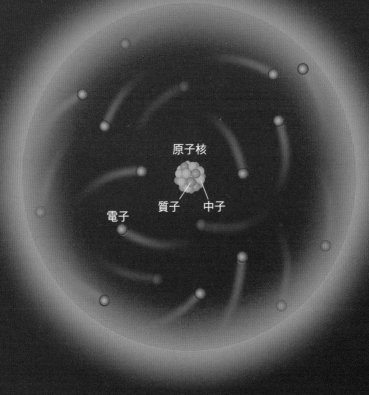

原子核

質子　中子

電子

電子：18個
質子：17個
中子：18個

Coffee Break

鐵鏽與漂白水
都與離子有關

離子悄悄地隱藏在我們生活中。
生鏽是一種稱為「氧化」（oxidation）的現象，指的是物質與「氧原子結合」。當雨水滴到鐵製物品上時，鐵離子（Fe^{2+}）會被溶解出來，並進一步放出電子成為Fe^{3+}；而水分子（H_2O）以及溶於水中的氧分子（O_2）會接收電子，與Fe^{3+}離子結

鐵生鏽的原理

鐵生鏽的過程是意外複雜的反應。

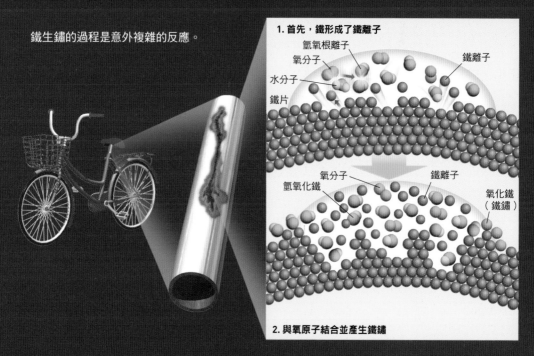

1. 首先，鐵形成了鐵離子

氫氧根離子
氧分子
水分子
鐵片
鐵離子

氧分子
氫氧化鐵
鐵離子
氧化鐵（鐵鏽）

2. 與氧原子結合並產生鐵鏽

溶於水中的氧分子與水分子，會從鐵原子獲得電子，並形成鐵離子（Fe^{2+}）與氫氧根離子（OH^-）（1）。這些鐵離子會馬上與氫氧根離子產生反應，並形成紅色的氫氧化鐵（$Fe(OH)_3$），附著在部分鐵片上。氫氧化鐵會再與氧反應而形成氧化鐵（Fe_2O_3）（2）。這就是鐵鏽的真實身分。

合形成氫氧化鐵（Fe（OH）₃）。這個分子會再與水中的氧分子反應，形成氧化鐵（Fe₂O₃）並附著於金屬表面上。這就是鐵鏽的本體。

一般家庭洗衣服時，用漂白水將衣物上附著的髒污去除的原理，也與離子脫不了關係。

氧化型的漂白水中含有次氯酸根離子，會接近髒污的分子。而由於次氯酸根離子具有非常強大的氧化力，能夠將髒污分子彼此的連結切斷，並使這些髒污與氧結合。此時，髒污分子的構造便產生改變，進而失去顏色，因此達到漂白的效果。

用漂白水去除髒污的原理

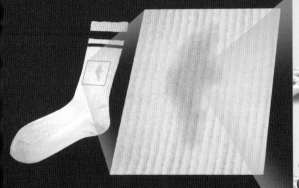

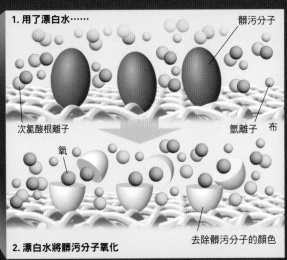

1. 用了漂白水……

髒污分子

次氯酸根離子

氫離子　布

氧

去除髒污分子的顏色

2. 漂白水將髒污分子氧化

次氯酸切斷髒污分子，使其與氧原子結合來達到漂白效果。

離子是透過什麼
實驗發現的呢？

由伏打堆開始
電解液體

接 著來介紹發現離子的歷史。
一開始，義大利物理學家
伏特（Alessandro Volta，1745～
1827）在1800年發表了電池這項發
明。而在同一年發現若是將電池兩端
延伸出的金屬線放入水中，在兩個金
屬線與水接觸的地方便會產生氣體。
而進一步研究這些氣體後，發現其成
分是已知的氧與氫。也就是說，水藉
由電分解成氧與氫。

一眾科學家聽說這件事情後，開始
嘗試將各式各樣的液體通電。在這
之中，英國化學家戴維（Humphry
Davy，1778～1829）透過伏打堆的
實驗，發現了包含「鉀」在內的6種
化學元素。

用伏打堆將物質分解

伏打堆是由銅片、浸泡過食鹽水的
布以及鋅片堆疊而成。右圖是將兩
個伏打堆連接的示意圖。

兩個電池以金屬相連

伏打堆

伏打堆

銅片

浸泡過食鹽水
的布

鋅片

正極

負極

用金屬線跟電池連接。
將金屬線放入液體中,
使其成為電極。

在正極產生
的氣體

在負極產生
的氣體

分解中的液體

原子變身為離子

離子是會向著電極
「移動」的物質

經過反覆的實驗，
找出離子的真實身分

英國化學家法拉第（Michael Faraday，1791～1867）是戴維的學生，利用伏打堆進行了諸多嚴謹的實驗，抽絲剝繭地闡明電池的性質。他認為物質受到電的影響時會被分解，而分解之後的物質會向著電極移動。

法拉第於1834年將這些朝著電極移動的物質命名為「離子」（ion），在希臘文是「移動」的意思。另外，他將向負極「移動」的物質命名為「陽離子」，向正極「移動」的物質命名為「陰離子」。

不過法拉第還不知道離子的實體是什麼。之後由瑞典的化學家阿瑞尼斯（Svante Arrhenius，1859～1927）發現離子的真實身分是帶電的原子或原子團。

法拉第想像的畫面

右圖是法拉第想像液體受到電的作用而分解的情況。當時認為原子是無法再繼續分割的最小單位，因為不知道原子內部的構造，也不知道有電子的存在。

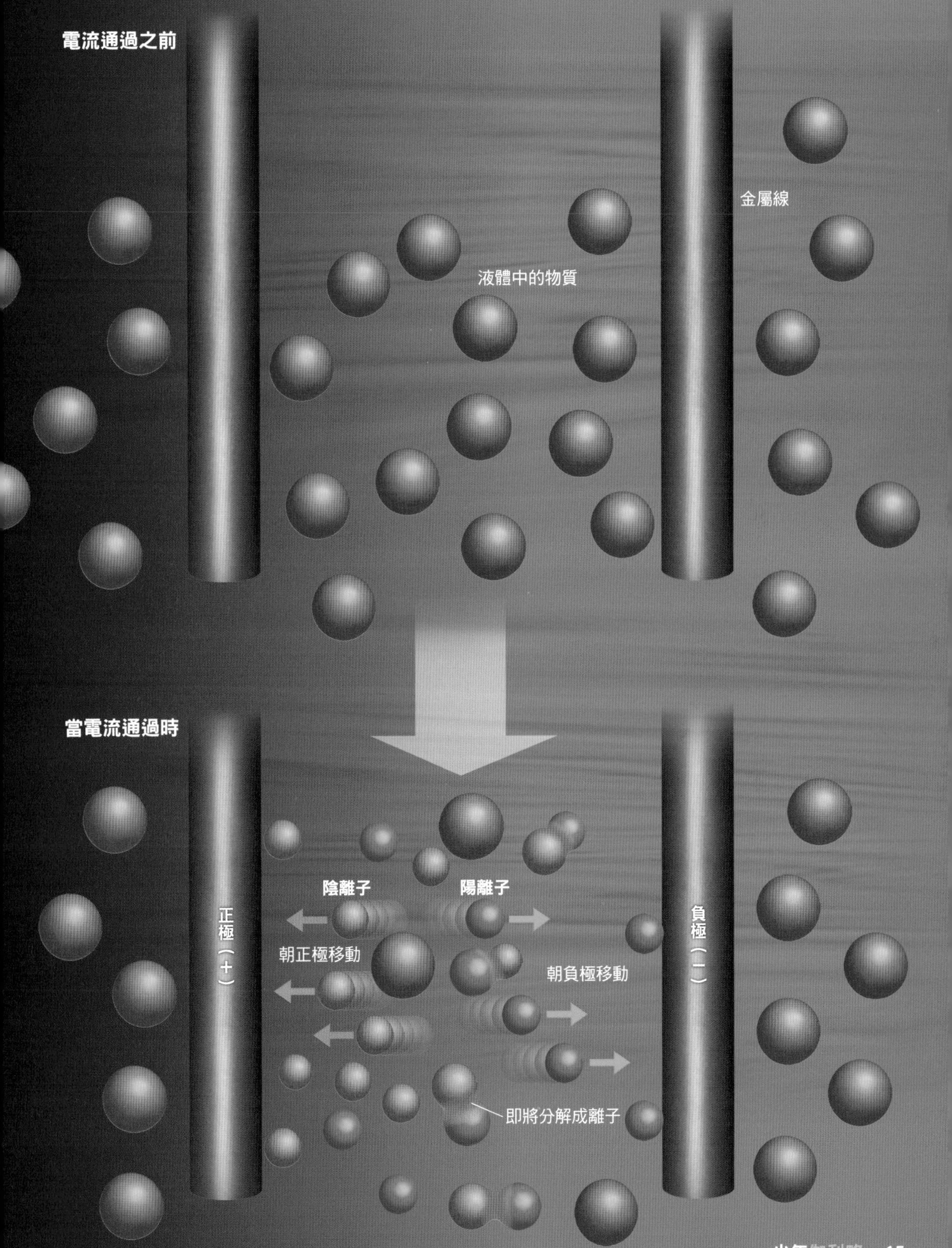

電流通過之前

液體中的物質

金屬線

當電流通過時

陰離子　　　陽離子

朝正極移動

朝負極移動

正極（＋）

負極（－）

即將分解成離子

由質子、中子、電子組成的原子

查兌克發現了中子

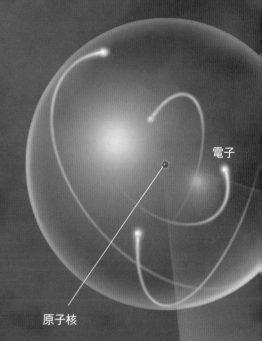

電子

原子核

從這邊開始來探討原子為何能夠
變成離子。

　法國物理學家居禮（Irene Joliot-
Curie，1900～1958）於1932年，發
現當使用α粒子撞擊鈹原子時，鈹原
子會放射出某種具有高穿透性、身分
不明的放射線。

　英國的物理學家查兌克（James
Chadwick，1891～1974）為了研究
該放射線的身分而進行實驗，發現放
射線就是現在稱為「中子」的粒子。
查兌克發現的粒子，是質量跟質子幾
乎相同且電荷為 0 的粒子。

　因為這項發現，知道原子核並非不
能繼續分割的基本粒子，而是由「質
子」與「中子」組成。於是將質子與
中子，連同之前發現的電子，當作是
構成物質的基本粒子。

查兌克

（1891～1974）

查兌克於1932年發現與質子幾乎相同質量且呈電中性的粒子，也就是中子。若是撇開電性不談，中子與質子是相同種類的粒子。當時認為質子、中子、電子這3種粒子是最基本的粒子。

質子

中子

原子放出電子形成「陽離子」

鈉原子與鎂原子會形成陽離子

原子是由「質子」與「中子」組成的原子核以及電子構成。理解這點之後，離子的真實身分也就呼之欲出了。

　　基本上，原子的質子數與電子數是相同的。某個原子在正常狀態下有11個電子，變成離子時，電子的數量卻只剩下10個。所謂的離子，質子數與電子數並不相等。

　　質子帶有正電荷，而電子帶有負電

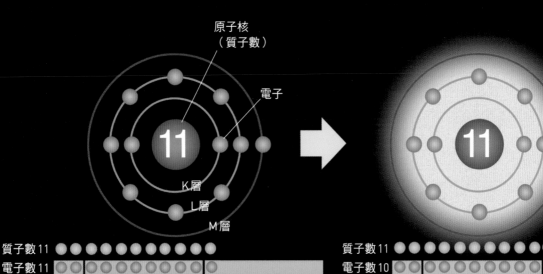

鈉原子

原子核
（質子數）

電子

11

K層
L層
M層

質子數 11 ●●●●●●●●●●●
電子數 11 ○○○○○○○○○○○○ ○

鈉離子

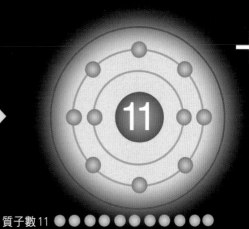

11

質子數 11 ●●●●●●●●●●●
電子數 10 ○○○○○○○○○○○

陽離子形成的原理

當原子放出電子，便會形成陽離子。左頁是鈉原子與鈉離子構造的示意圖，而右頁是鎂原子與鎂離子構造的示意圖。

鎂原子

鎂離子

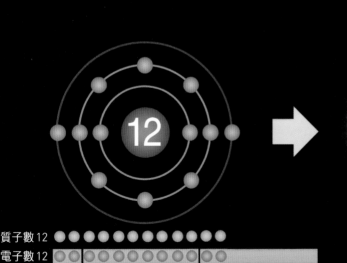

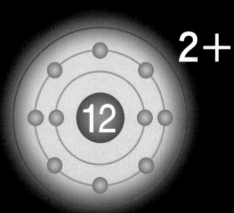

2+

質子數 12 ●●●●●●●●●●●●

電子數 12

質子數 12 ●●●●●●●●●●●●

電子數 10

由於質子的數量多了 2 個，

原子變身為離子

原子獲得電子
形成「陰離子」

氯原子與氧原子
會形成陰離子

前 面介紹了何謂「陽離子」，這裡來介紹什麼是「陰離子」。

陰離子跟陽離子形成的方式恰恰相反。原子為了獲得「穩定」的狀態，會從別的地方獲得電子，使得帶負電的電子數比帶正電的質子更多，因此形成帶有負電的離子。這就是「陰離子」的真實身分。

舉例來說，氧原子有 8 個質子與 8 個電子，而相對地，氧離子有 8 個質

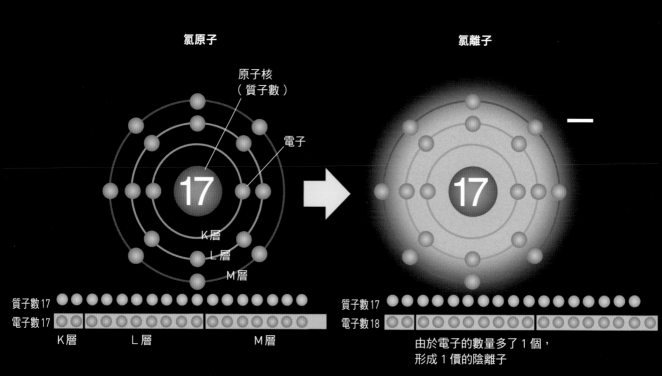

氯原子

原子核（質子數）

電子

17

K層
L層
M層

質子數 17 ●●●●●●●●●●●●●●●●●
電子數 17

K層　　　L層　　　　　　M層

氯離子

一

17

質子數 17 ●●●●●●●●●●●●●●●●●
電子數 18

由於電子的數量多了 1 個，
形成 1 價的陰離子

子與10個電子。由於電子的數量多出了 2 個，因此氧離子整體帶負電。這種情況下，由於電子的數量多出了 2 個，稱之為「2 價的陰離子」。

陰離子形成的原理

當原子獲得電子，就會形成陰離子。左頁是氟原子與氟離子構造的示意圖，而右頁是氧原子與氧離子構造的示意圖。

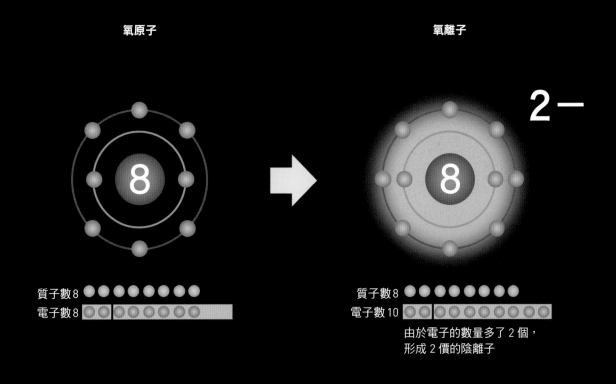

氧原子

氧離子

2−

質子數8 ●●●●●●●●

電子數8 ◐◐◐◐◐◐◐◐

質子數8 ●●●●●●●●

電子數10 ◐◐◐◐◐◐◐◐◐◐

由於電子的數量多了 2 個，
形成 2 價的陰離子

原子變身為離子

並非所有的元素
都能成為離子

電子的空位填滿的元素，
無法形成離子

原子會形成陽離子或陰離子，是想獲得「穩定」的狀態。而原子為了獲得穩定的狀態，會試圖讓最外側的電子殼層填滿電子。

不過，也有一些元素在產生反應之前，最外側的電子殼層就已經填滿電子，例如屬於第18族的惰性氣體 —— 氦（He）、氖（Ne）、氬（Ar）等。

這些元素一開始就處於穩定的狀態，因此幾乎不會形成離子。

氬原子

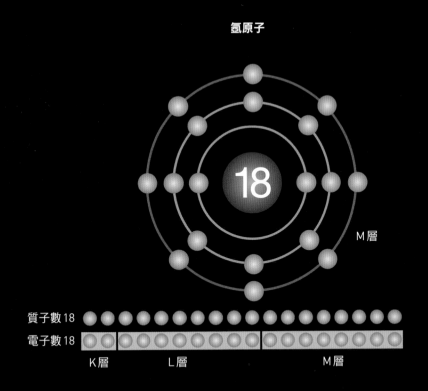

M層

質子數18
電子數18

K層　　L層　　　　　M層

「鹼性離子」
到底是什麼？

所 謂的「鹼性離子」並不是學術用語。

鹼性離子水這個名詞，通常被用來代表將乳酸鈣（$C_6H_{10}CaO_6$）等物質溶於水中後電解，在電解時「形成於陰極的水」。簡單來說，鹼性離子水就是溶有鈣離子（Ca^{2+}）或是氫氧根離子（OH^-）的水。這種水呈現鹼性。

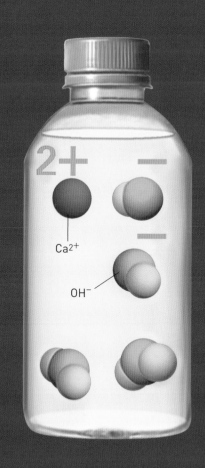

一般來說，鹼性的水能夠中和酸性的水。

根據日本厚生省（現在為厚生勞動省）於1965年發表的說法，飲用鹼性離子水能夠有效抑制慢性腹瀉、消化不良、胃酸過多等症狀，因此得到了日本藥事法的承認 —— 也就是說日本政府親自為鹼性離子水的效果背書。

不過日本國家消費者事務中心於1992年，針對鹼性離子水抑制胃酸分泌等功效展開調查，並發表了調查結果。根據這項報告，鹼性離子水抑制胃酸分泌的效果是非常微弱的。

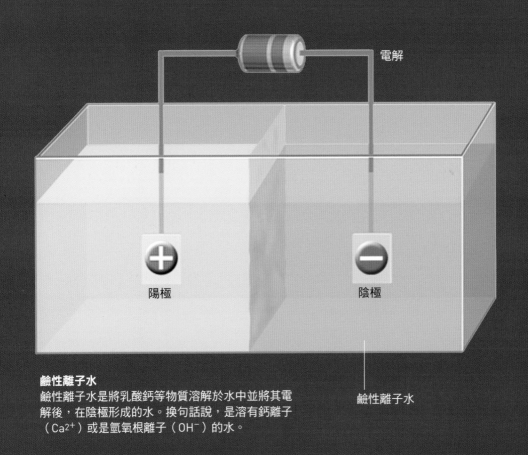

電解

陽極

陰極

鹼性離子水

鹼性離子水
鹼性離子水是將乳酸鈣等物質溶解於水中並將其電解後，在陰極形成的水。換句話說，是溶有鈣離子（Ca^{2+}）或是氫氧根離子（OH^-）的水。

週期表是將元素的性質歸納後的產物

性質相似的元素分在同一族

從這裡開始來探討元素週期表與離子的關係。

19世紀時逐一發現許多新的元素。而將這些元素分類整理的，就是俄羅斯化學家門得列夫（Dmitri Mendeleev，1834～1907）。

門得列夫當時正在構思，要把當時已知的63種元素放在化學教科書裡介紹的話，怎麼做比較好。

1868年的某天，門得列夫將這63個

門得列夫於1869年提出週期表。在那之後過了150年，週期表發展成右圖的模樣。

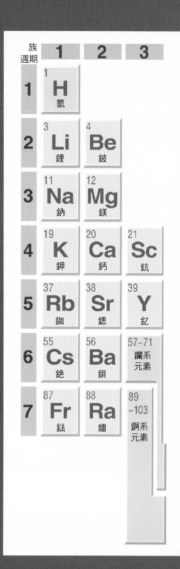

族 週期	1	2	3
1	1 H 氫		
2	3 Li 鋰	4 Be 鈹	
3	11 Na 鈉	12 Mg 鎂	
4	19 K 鉀	20 Ca 鈣	21 Sc 鈧
5	37 Rb 銣	38 Sr 鍶	39 Y 釔
6	55 Cs 銫	56 Ba 鋇	57~71 鑭系元素
7	87 Fr 鍅	88 Ra 鐳	89~103 錒系元素

元素寫在卡片上，試圖想找出方便說明的排列方式。這時他突然發現，具有相似化學性質的元素，似乎會以某種特定的週期重複出現。

門得列夫更進一步將性質相同的元素排成一列，並照元素的原子量大小依序排列。這就是他在1869年發表的「週期表」。

現在的週期表（長式週期表）

現在國際標準採用的週期表，是包含第1族～第18族，第1週期～第7週期的長式週期表。週期表依照原子序來排列，縱行（族）為「原子最外殼層電子數」相同的元素，橫列（週期）則對應到各元素「包含的電子殼層數」。

| 4 | 5 | 6 | 7 | 8 | 9 | 10 | 11 | 12 | 13 | 14 | 15 | 16 | 17 | 18 |

具有名稱的「元素族」

非金屬：氣體
液體
固體
金屬：液體
固體
鑭系元素
錒系元素

鹼金屬：除了H之外的第1族
鹼土金屬：第2族（日本會將Be、Mg排除）
鹵素：第17族
惰性氣體：第18族
稀土金屬：Sc、Y與鑭系元素

														2 He 氦
									5 B 硼	6 C 碳	7 N 氮	8 O 氧	9 F 氟	10 Ne 氖
									13 Al 鋁	14 Si 矽	15 P 磷	16 S 硫	17 Cl 氯	18 Ar 氬
Ti 鈦	23 V 釩	24 Cr 鉻	25 Mn 錳	26 Fe 鐵	27 Co 鈷	28 Ni 鎳	29 Cu 銅	30 Zn 鋅	31 Ga 鎵	32 Ge 鍺	33 As 砷	34 Se 硒	35 Br 溴	36 Kr 氪
Zr 鋯	41 Nb 鈮	42 Mo 鉬	43 Tc 鎝	44 Ru 釕	45 Rh 銠	46 Pd 鈀	47 Ag 銀	48 Cd 鎘	49 In 銦	50 Sn 錫	51 Sb 銻	52 Te 碲	53 I 碘	54 Xe 氙
Hf 鉿	73 Ta 鉭	74 W 鎢	75 Re 錸	76 Os 鋨	77 Ir 銥	78 Pt 鉑	79 Au 金	80 Hg 汞	81 Tl 鉈	82 Pb 鉛	83 Bi 鉍	84 Po 釙	85 At 砈	86 Rn 氡
Rf 鑪	105 Db 𨧀	106 Sg 𨭎	107 Bh 𨨏	108 Hs 𨭆	109 Mt 䥑	110 Ds 鐽	111 Rg 錀	112 Cn 鎶	113 Nh 鉨	114 Fl 鈇	115 Mc 鏌	116 Lv 鉝	117 Ts 础	118 Og 鿫
La 鑭	58 Ce 鈰	59 Pr 鐠	60 Nd 釹	61 Pm 鉕	62 Sm 釤	63 Eu 銪	64 Gd 釓	65 Tb 鋱	66 Dy 鏑	67 Ho 鈥	68 Er 鉺	69 Tm 銩	70 Yb 鐿	71 Lu 鎦
Ac 錒	90 Th 釷	91 Pa 鏷	92 U 鈾	93 Np 錼	94 Pu 鈽	95 Am 鋂	96 Cm 鋦	97 Bk 鉳	98 Cf 鉲	99 Es 鑀	100 Fm 鐨	101 Md 鍆	102 No 鍩	103 Lr 鐒

原子變成離子的過程會增減電子

週期表同一縱行的電子增減幾乎一樣

下表是週期表部分元素和原子離子的構造示意圖。當原子成離子時，電子的增減數量是否有殊的規則呢？

關鍵就在「電子殼層」（electr shell）。電電子位於原子核周圍的子殼層中，而電子殼層中便具有電的「座位」。位於最外側的電子殼（最外殼層），若座位的全部被電填滿，那麼離子就會處於「穩定」

1 族

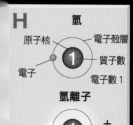

H 氫
原子核　電子殼層
① 質子數
電子　　電子數 1
氫離子
① ＋
電子數 0

□ 形成陽離子
□ 形成陰離子
□ 既能形成陰離子，也能形成陽離子，但形成離子難度很高
□ 不會形成離子

註：表中描繪的是理論上的情形，實際上有些離子不容易形成

最靠近原子核的電子殼層（K 層）中有 2 個電子的空位。

第二靠近原子核的電子殼層（L 層）中有 8 個電子的空位。

第三靠近原子核的電子殼層（M 層）中有 8 個電子的空位（M 層在放入 8 個電子時穩定，但最多能夠放入 18 個）。第四層以外的空位數也各不相同。

電子

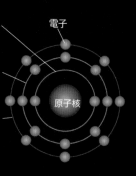

原子核

2 族　　**13 族**　　**14 族**

Li 鋰
③
電子數 3
鋰離子
③ ＋
電子數 2

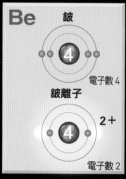

Be 鈹
④
電子數 4
鈹離子
④ 2＋
電子數 2

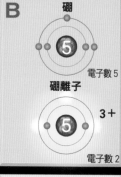

B 硼
⑤
電子數 5
硼離子
⑤ 3＋
電子數 2

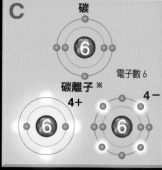

C 碳
⑥
電子數 6
碳離子 ※
4＋ ⑥　⑥ 4－

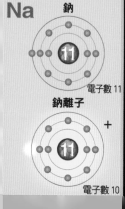

Na 鈉
⑪
電子數 11
鈉離子
⑪ ＋
電子數 10

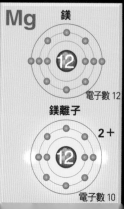

Mg 鎂
⑫
電子數 12
鎂離子
⑫ 2＋
電子數 10

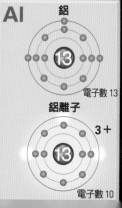

Al 鋁
⑬
電子數 13
鋁離子
⑬ 3＋
電子數 10

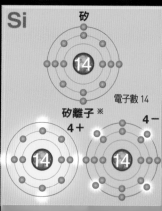

Si 矽
⑭
電子數 14
矽離子 ※
4＋ ⑭　⑭ 4－

在形成離子時，增減的電子數也幾乎
一樣。

目前為止介紹過的元素中，氯原子
的最外殼層中有一個空位，因此得到
1 個電子形成陰離子時會比較穩定，
而鈉原子則是釋出最外殼層的1個電
子形成陽離子時會比較穩定。換句話
說，原子會依據最外殼層的空位數來
決定要增減幾個電子，以及形成何種
離子。在週期表中同一縱行的元素，
最外殼層中的空位數大致相同，因此

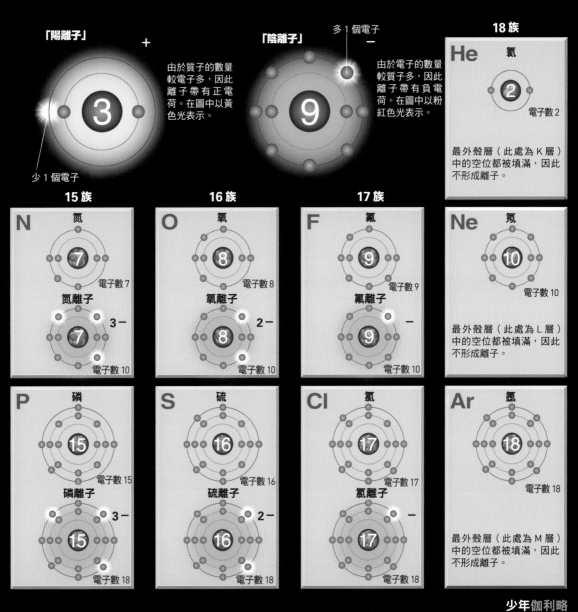

「陽離子」

由於質子的數量
較電子多，因此
離子帶有正電
荷。在圖中以黃
色光表示。

少 1 個電子

「陰離子」

多 1 個電子

由於電子的數量
較質子多，因此
離子帶有負電
荷。在圖中以粉
紅色光表示。

18 族

He　氦

電子數 2

最外殼層（此處為 K 層）
中的空位都被填滿，因此
不形成離子。

15 族

N　氮

電子數 7

氮離子

3 −

電子數 10

16 族

O　氧

電子數 8

氧離子

2 −

電子數 10

17 族

F　氟

電子數 9

氟離子

−

電子數 10

Ne　氖

電子數 10

最外殼層（此處為 L 層）
中的空位都被填滿，因此
不形成離子。

P　磷

電子數 15

磷離子

3 −

電子數 18

S　硫

電子數 16

硫離子

2 −

電子數 18

Cl　氯

電子數 17

氯離子

−

電子數 18

Ar　氬

電子數 18

最外殼層（此處為 M 層）
中的空位都被填滿，因此
不形成離子。

離子的正負電互相吸引

元素分出的陽離子與陰離子互相吸引而連結

就像前面介紹過的,食鹽(氯化鈉)是由氯離子與鈉離子組合而成。

在左下圖中,鈉原子最外側的電子殼層只有 1 個電子。另外,氯原子最外側的電子殼層有 7 個電子,有一個空位。因此當這兩個原子互相靠近時,為了獲得穩定狀態,鈉原子會將一個電子送給氯原子。

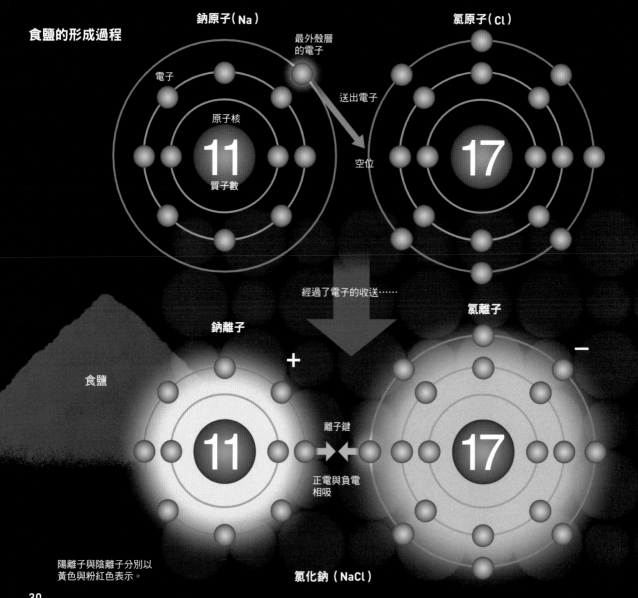

食鹽的形成過程

鈉原子(Na) 氯原子(Cl)

最外殼層的電子

電子

送出電子

原子核

11

質子數

空位

17

經過了電子的收送……

鈉離子 氯離子

食鹽 + −

11 17

離子鍵

正電與負電相吸

陽離子與陰離子分別以黃色與粉紅色表示。

氯化鈉(NaCl)

如此一來，鈉原子成為陽離子，氯離子成為陰離子。而陽離子與陰離子，會因為分別帶有正負的電荷而互相吸引，並連結在一起。

像這樣由一個原子將電子交給另一個原子，使彼此形成離子並連結在一起的情況還有很多。例如鈉原子提供電子形成的物質中，除了食鹽之外，

還有能用來預防蛀牙的氟化鈉，以及當作玻璃原料的氧化鈉。

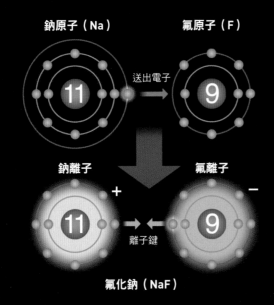

鈉原子（Na）　　氟原子（F）

送出電子

鈉離子　　氟離子

＋　　　　　－

離子鍵

氟化鈉（NaF）

氟化鈉的形成過程
鈉原子會將電子送給氟原子。如此，帶有正電荷的鈉離子以及帶有負電荷的氟離子會互相吸引形成離子鍵，並生成氟化鈉。

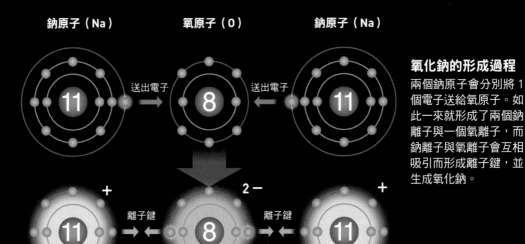

鈉原子（Na）　　氧原子（O）　　鈉原子（Na）

送出電子　　　　送出電子

＋　　　　2－　　　＋

離子鍵　　　　離子鍵

氧化鈉的形成過程
兩個鈉原子會分別將 1 個電子送給氧原子。如此一來就形成了兩個鈉離子與一個氧離子，而鈉離子與氧離子會互相吸引而形成離子鍵，並生成氧化鈉。

金屬鍵與共價鍵的差別

除了離子鍵，還有其他原子結合的方法

金屬鍵

金屬鍵的例子：金

要 讓原子結合，除了由陽離子與陰離子結合形成的離子鍵之外，還有其他的方式。

比如金或鐵這類金屬，讓原子最外側的電子在數個原子之間自由移動，將原子互相結合在一起，這種方式稱為「金屬鍵」（上圖）。而在金屬晶體中自由移動，並將金屬原子連結在一起的這些電子，稱之為「自由電子」（free electron）。

另外，有些原子也可以共用彼此的電子來結合。這種方式稱為「共價鍵」（下圖）。透過共用電子，原子能夠補滿彼此的空缺。

除了這些之外，還有DNA形成雙股螺旋結構時不可或缺的「氫鍵」。由水分子集合成的水或是冰，都是由水分子之間的「氫鍵」來形成的。

共價鍵

共價鍵的例子：鑽石

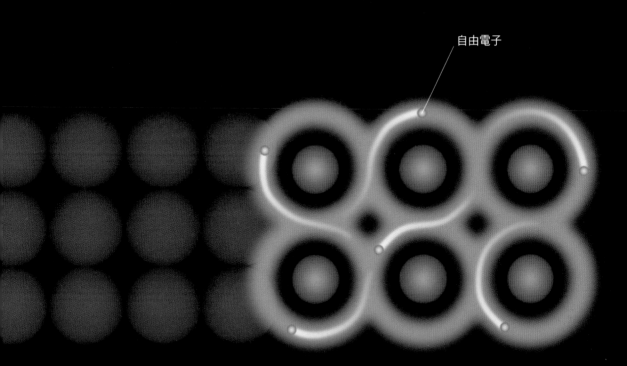

自由電子

最外殼層的電子能夠自由移動於數個原子之間。

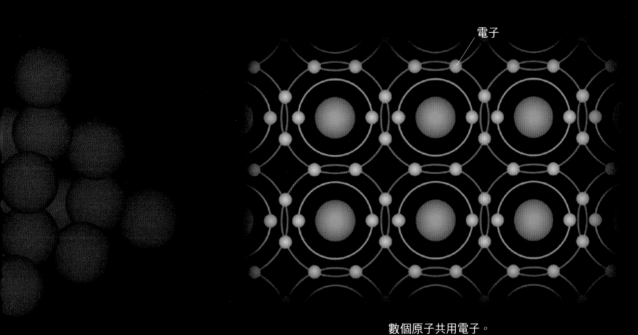

電子

數個原子共用電子。

容易形成「陽離子」的元素

游離能越小，就越容易形成陽離子

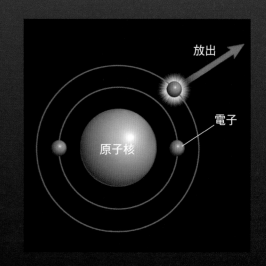

放出

電子

原子核

元 素之中，誰最容易形成陽離子呢？

原子釋出帶負電的電子，就會形成帶正電的陽離子。不過電子要離開原子，可沒有那麼簡單。因為帶負電的電子，會受到帶正電的質子的吸引力影響。也就是說，若是原子要將電子釋放出去，那就必須消耗能量，將電子跟質子分開。

原子釋放出 1 個電子所需要的能量，稱為「游離能」（ionization energy）。總而言之，游離能越小的元素，越容易形成陽離子。銫（Cs）和鍅（Fr）的游離能就特別小，因此很容易形成陽離子。

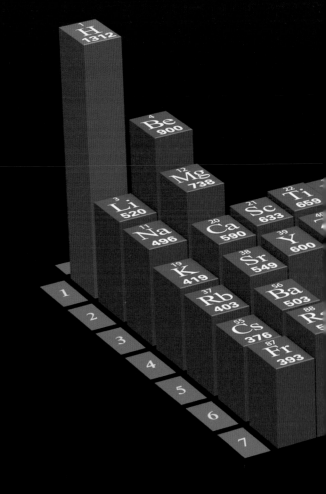

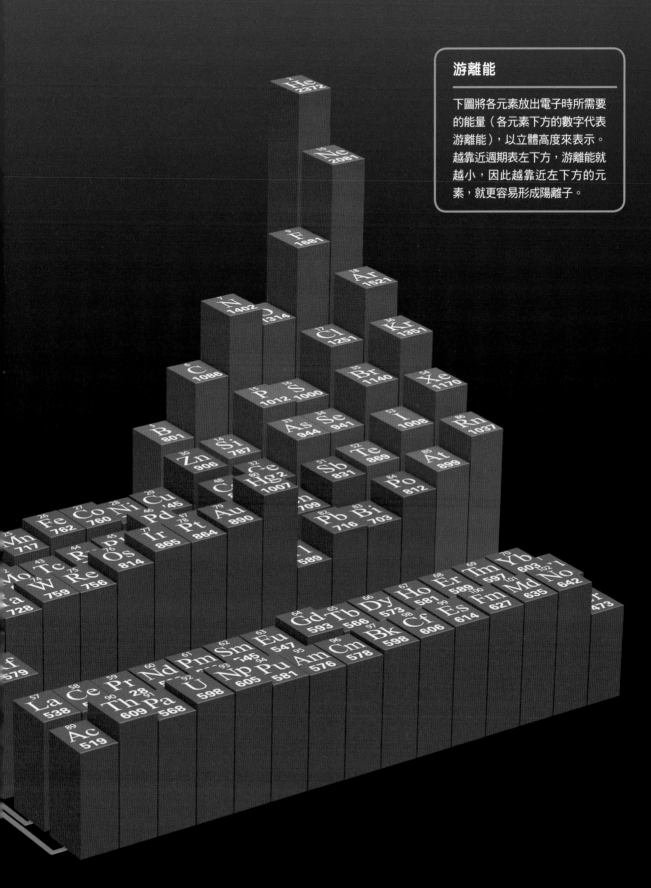

游離能

下圖將各元素放出電子時所需要
的能量（各元素下方的數字代表
游離能），以立體高度來表示。
越靠近週期表左下方，游離能就
越小，因此越靠近左下方的元
素，就更容易形成陽離子。

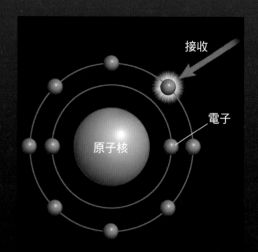

接收

電子

原子核

容易形成「陰離子」的元素

電子親合力越大，就越容易形成陰離子

前頁探討了什麼樣的元素容易形成陽離子。

那麼反過來說，容易形成陰離子的元素是哪些呢？原子獲得帶有負電的電子，形成帶負電的陰離子。大部分的情況下，原子在獲得電子時會釋放出能量，而接收的電子由於原子核吸引而處於穩定、能量較低的狀態。

原子在接收 1 個電子時所放出的能量，稱為「電子親合力」。能夠對電子施以越大吸引力的元素，就有較大的電子親合力。

這也代表電子親合力越大的元素，就越容易形成陰離子。氯（Cl）與氟（F）都是電子親合力特別大，容易形成陰離子的元素。

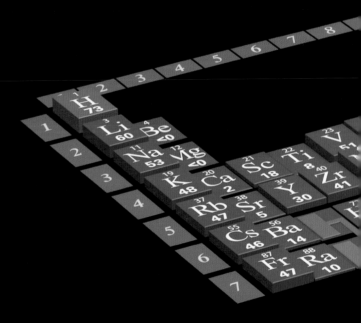

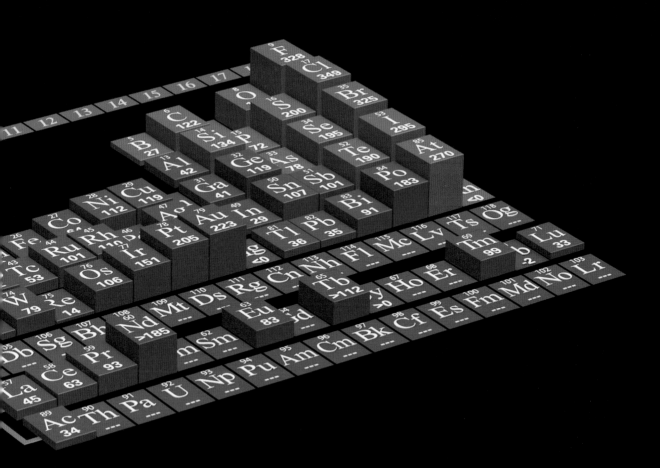

煙火的繽紛色彩
來自於離子

烹飪時若是不小心將湯汁灑到鍋外，瓦斯火焰偶爾會呈現黃色。這是因為飛灑出來的湯汁受到火焰加熱而蒸發，使湯汁中的鈉離子變換為高溫的鈉原子，並釋放出黃色的光。金屬原子加熱到高溫後，放出該元素特有的色光的現象，稱為「焰色

1.高溫的原子會放出該元素特有的光

光的前進方向

元素特有的
波長的光

高溫的原子

煙火的繽紛色彩用
到了焰色反應。

反應」（flame reaction）。當想要區分物質中含有的金屬元素時，焰色反應是經常使用的方法。

焰色反應的例子相當多，首先來討論一下鋰、鈉、鉀這些「鹼金屬」。這些金屬就算以瓦斯爐的火焰燃燒也容易產生反應，會分別放出紅色、黃色與紫色的光，位於可見光範圍內。

生活中的應用範例，就是色彩繽紛的煙火。像是煙火中的紅色是由鍶的化合物造成，黃色則是由鈉的化合物造成。

2. 焰色反應 將金屬的水溶液沾附在鉑線上，並置於火焰上燃燒時，會散發出該金屬元素獨有的顏色。

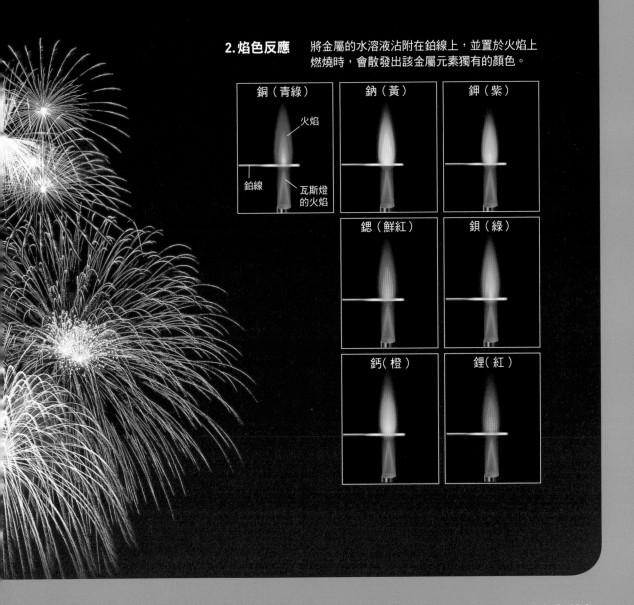

銅（青綠）
火焰
鉑線
瓦斯燈的火焰

鈉（黃）

鉀（紫）

鍶（鮮紅）

鋇（綠）

鈣（橙）

鋰（紅）

「焰色反應」是什麼樣的原理呢？

接著來介紹焰色反應的原理吧。
就像目前介紹過的，電子存在於原子核外圍數層的電子殼層裡，無法存在於這些電子殼層之外。而當電子獲得或流失能量，就會在電子軌道之間移動。

在焰色反應中，電子受到火焰的熱能，因此向外飛到更外圍的軌道上。但是飛到外圍軌道上的電子並不穩定，因此會試圖回到原本的軌道。當電子跳回原本的軌道時，能量就以光的形式釋放了出來。這就是焰色反應的原理。

若放出的光是可見光，火焰的顏色就能夠以肉眼辨別。另外，由於放出的光波長會隨著元素而改變，只要觀察這些光的波長，就能知道燃燒的物質中含有什麼元素。

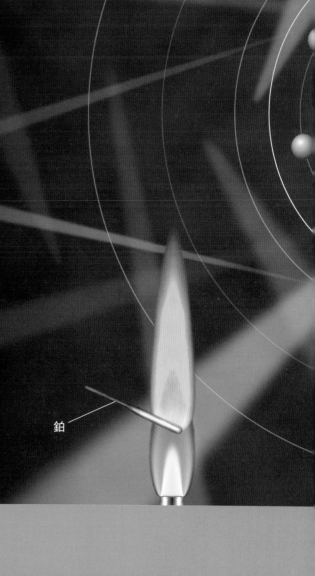

鉑

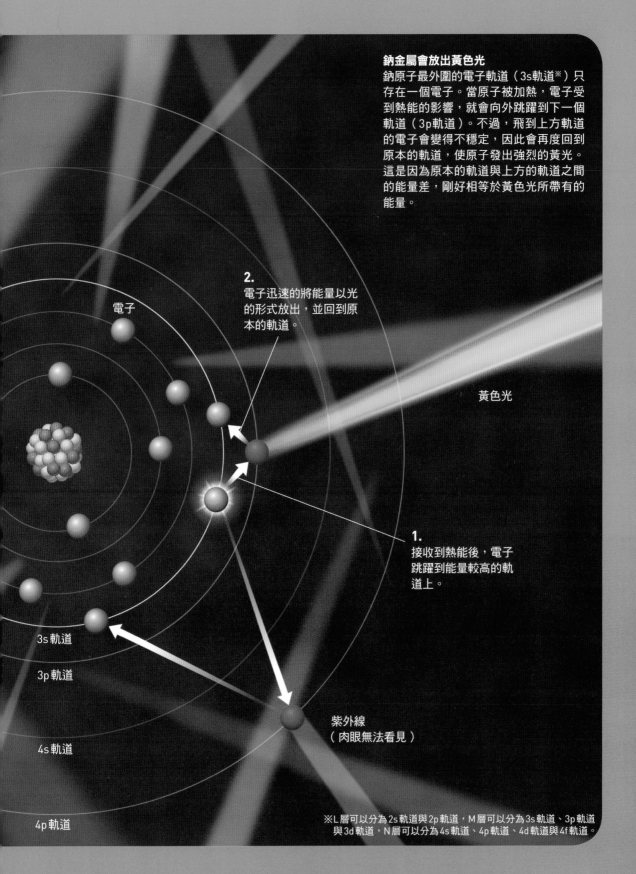

鈉金屬會放出黃色光

鈉原子最外圍的電子軌道（3s軌道※）只存在一個電子。當原子被加熱，電子受到熱能的影響，就會向外跳躍到下一個軌道（3p軌道）。不過，飛到上方軌道的電子會變得不穩定，因此會再度回到原本的軌道，使原子發出強烈的黃光。這是因為原本的軌道與上方的軌道之間的能量差，剛好相等於黃色光所帶有的能量。

電子

2.
電子迅速的將能量以光的形式放出，並回到原本的軌道。

黃色光

1.
接收到熱能後，電子跳躍到能量較高的軌道上。

3s軌道

3p軌道

4s軌道

4p軌道

紫外線
（肉眼無法看見）

※L層可以分為2s軌道與2p軌道，M層可以分為3s軌道、3p軌道與3d軌道，N層可以分為4s軌道、4p軌道、4d軌道與4f軌道。

食鹽顆粒在水中溶解的原理

遭到水分子帶走的 2 種離子

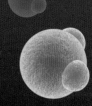

水分子（H₂O）

從這裡開始討論離子溶於水中的原理。

若是將食鹽主成分中的氯化鈉（NaCl）晶體放入水中，原本結合在一起的鈉離子（Na⁺）與氯離子（Cl⁻）便會四散開來，並溶於水中。這是由於水分子（H₂O）之中，有著帶微弱正電的氫原子部分，以及帶微弱負電的氧原子部分。

水中的氯化鈉晶體，表面帶正電的鈉離子，會受到水分子中帶有微弱負電的氧原子所吸引。相對地，帶負電的氯離子，會受到水分子中帶有微弱正電的氫原子所吸引。於是，氯化鈉晶體的鈉離子與氯離子被拆散開來，溶解於水中。

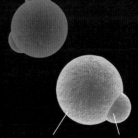

氧原子部分
（帶有微弱的負電）

氫原子部分
（帶有微弱的正電）

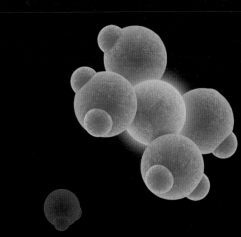

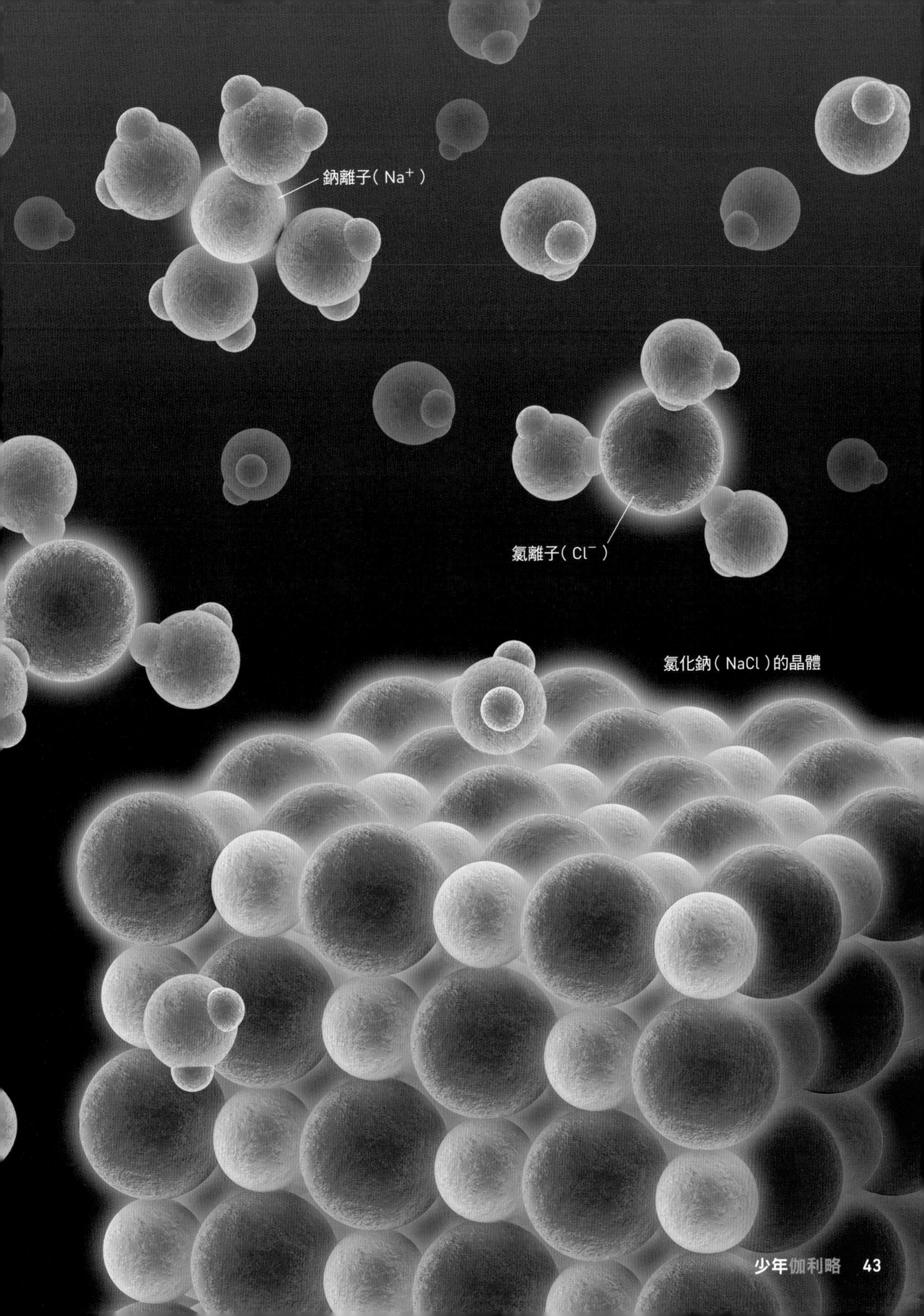

鈉離子（Na$^+$）

氯離子（Cl$^-$）

氯化鈉（NaCl）的晶體

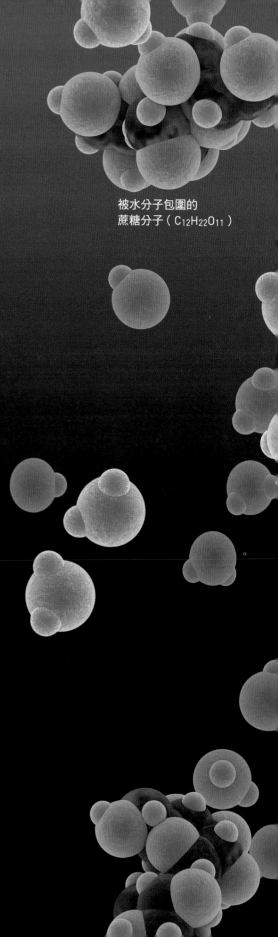

砂糖顆粒在水中溶解的原理

保持分子的形態被水分子帶走

被水分子包圍的
蔗糖分子（$C_{12}H_{22}O_{11}$）

砂糖的主要成分是「蔗糖」（$C_{12}H_{22}O_{11}$）的晶體，由於不是由離子組成，就算溶解在水中也不會被分解。

蔗糖分子就和水分子一樣，有著帶微弱正電的部分，也有帶微弱負電的部分。在蔗糖晶體的表面，蔗糖分子與水分子之間，帶微弱正電的部分與帶微弱負電的部分會互相吸引。於是，蔗糖分子會受到水分子的包圍，從晶體上被帶走。

雖然說食鹽與蔗糖都是生活中常見的晶體，但在水中溶解的原理卻大不相同。

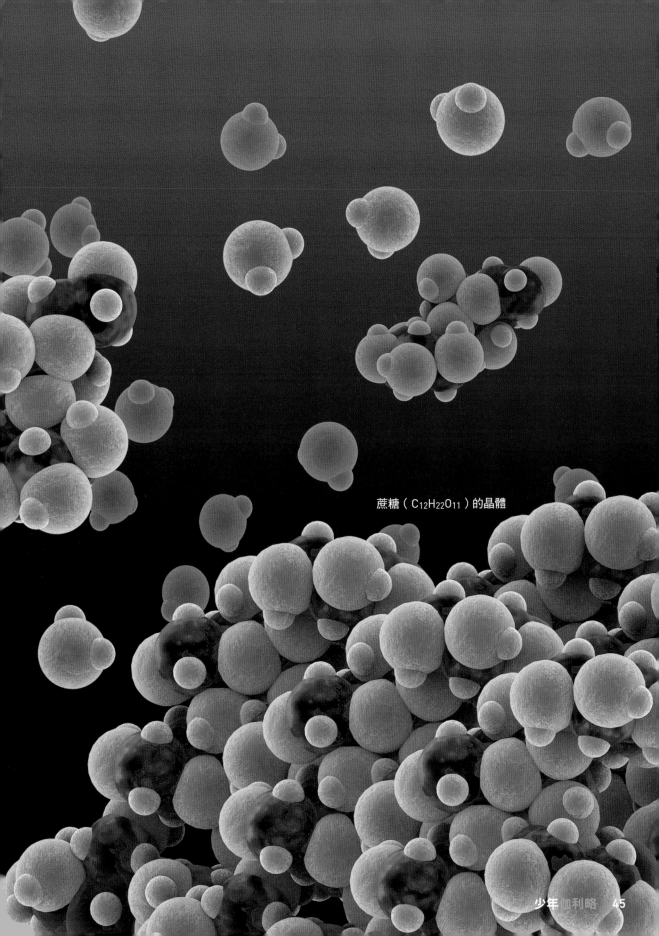

蔗糖（$C_{12}H_{22}O_{11}$）的晶體

離子是怎麼溶解的呢？

溶有離子的水
可以導電

離子經由傳遞電子
而產生電流

相信大家都有聽過「用潮濕的手拿插頭插插座很危險」這種說法。不過實際上，「純水」（僅以水分子組成的水）是無法讓電通過的。只有溶有離子的水，才能夠通電。

比如說在自來水中，溶有鹽的成分就是鈉離子以及氯離子，除此之外還有著鉀離子等所謂的「礦物質」。因為這個緣故，自來水是可以導電的。

另外，沾到手上的自來水除了上述

水（純水）無法導電
純粹以水分子形成的水，無法導電。

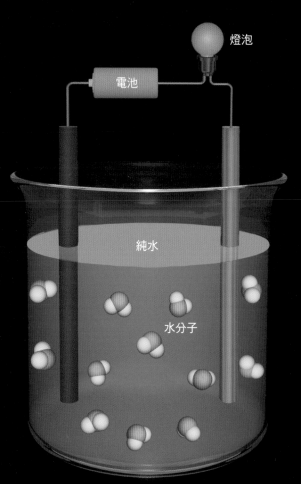

燈泡

電池

純水

水分子

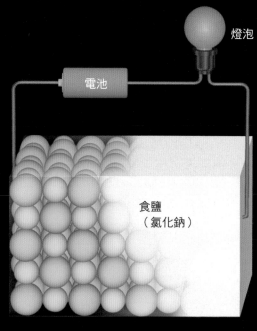

燈泡

電池

食鹽
（氯化鈉）

食鹽無法導電
食鹽透過氯離子與鈉離子
結合而成，本身無法導電。

的離子，還會再溶進汗水成分中的各種離子。因此，沾到手上的水，處於非常容易導電的狀態。

電是透過電子的移動來傳遞。而離子正好可以接收電子，或是釋放出電子。因為這個緣故，離子便能成為導電的媒介。

食鹽水能夠導電
溶有鈉離子與氯離子的食鹽水，能夠導電。

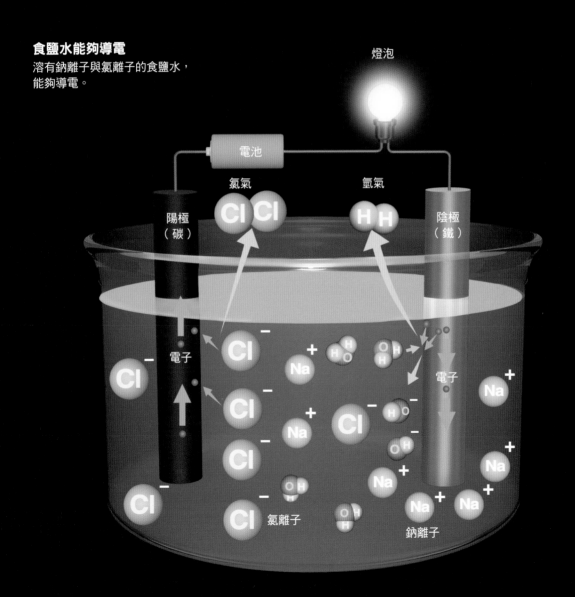

燈泡

電池

氯氣

氫氣

陽極（碳）

陰極（鐵）

電子

Cl−

Cl−

Cl−

Cl−

Cl−

Na+

Na+

Na+

Na+

Na+

Na+

Na+

電子

氯離子

鈉離子

離子是怎麼溶解的呢？

為什麼糖水
無法導電？

無法形成離子的糖水，
缺乏導電的媒介

第 46～47頁介紹了溶有離子的水（比如食鹽水）導電的原理。那麼金屬或是糖水又如何呢？

相信大家應該都知道金屬可以導電，不過，電流在金屬中通過的原理，和食鹽水讓電流通過的原理是不同的。金屬中有能自由移動的「自由電子」（詳見第32～33頁），因此這

金屬能夠導電
金屬導電的原理和食鹽水不同。金屬有著能自由移動的「自由電子」，因此能夠透過這些電子的移動來導電。

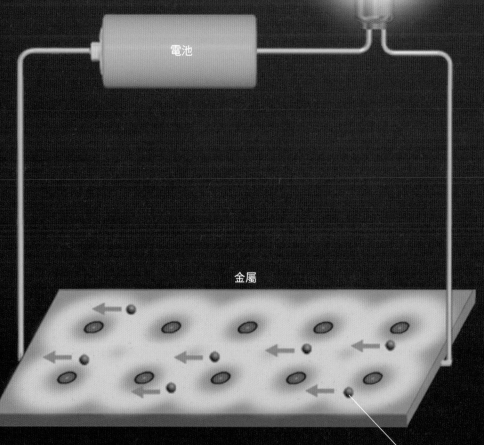

燈泡

電池

金屬

自由電子

些能移動的電子，就成為導電的媒介，讓金屬能夠導電。

相較之下，糖水與食鹽水、金屬都不同，無法導電。就算在純水中溶入砂糖或是葡萄糖，這些分子也不會分解為離子，而是以分子的型態溶解於水中（詳見第44～45頁）。因此，糖水中沒有離子產生，也就沒有能夠導電的媒介，糖水也就無法導電。

糖水無法導電

就算在純水中溶入砂糖或是葡萄糖，由於不會產生離子，因此無法導電。

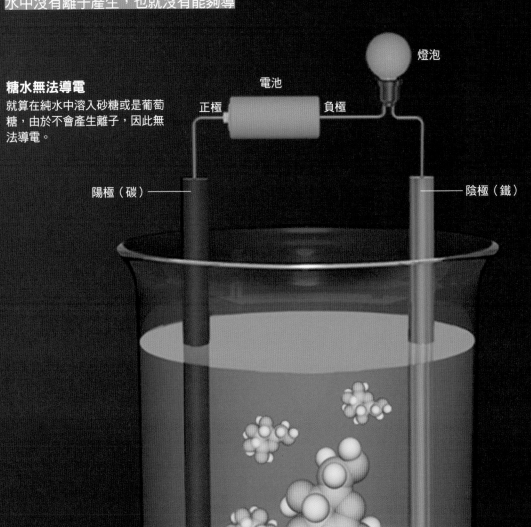

燈泡

電池

正極　　　　　負極

陽極（碳）

陰極（鐵）

離子是怎麼溶解的呢？

游離能的測定方法

對氣體狀態的原子施加電壓，便能轉換為離子

測量原子變為離子所需的能量

對氣體施加能量，並測量在多大的能量下會變換為離子。透過電極施加電壓，並漸漸地提高光的能量（減少光的波長），在某一個瞬間，氣體就會變為離子。通電的瞬間測得的光的能量大小，就是該元素的游離能。

第34～35頁介紹過游離能越小的元素越容易形成陽離子，不過這邊提到的游離能，又是經由什麼方法測量的呢？

所謂的游離能，是處於氣體狀態的原子放出電子時需要接收的能量。要測定這個數值，就需要實際對氣體施加能量，並測量其於多大的能量下會轉換為離子。更具體地來說，是透過光把能量傳遞到氣態的原子上，使其變成離子。

右圖是這項實驗的示意圖。首先需要在充滿氣態原子的箱子旁邊，連接上正與負的電極，並施以電壓。這時漸漸提高光的能量（減少光的波長），那麼在某個瞬間氣體就會變為離子，並讓電流通過。此時測量到的光的能量大小，就是游離能。

光

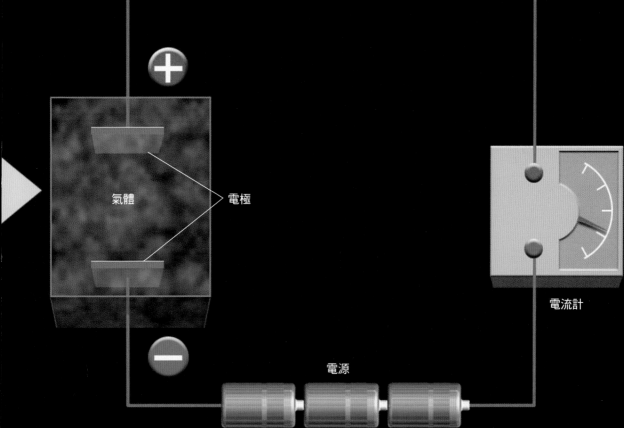

海水的成分與
血液類似

在成年男性的身體中，體重大約
60%是水，這裡面30%左右是
血液跟組織液。組織液是從微血管
中滲出，充滿細胞與細胞間空隙的
液體。

　　在血液與組織液的溶質中最主要
的元素，和海水一樣也是鈉與氯。
除此之外，還有鉀、鈣、鎂等等元
素溶於其中，這些元素也是海水常
見的成分。若是將血液與組織液的
主要溶質與海水做比較，會發現雖
然濃度不同，但是溶質的種類是非
常相似的。

　　為什麼海水與血液和組織液的成
分會如此類似呢？目前認為，地球
上最早出現的生命體，是誕生於海
洋中的單細胞微生物。因此也有人
認為血液與組織液的成分和海水類
似，是因為人類的細胞就像單細胞
生物漂浮在海中一般，也漂浮在組
織液形成的海洋之中。

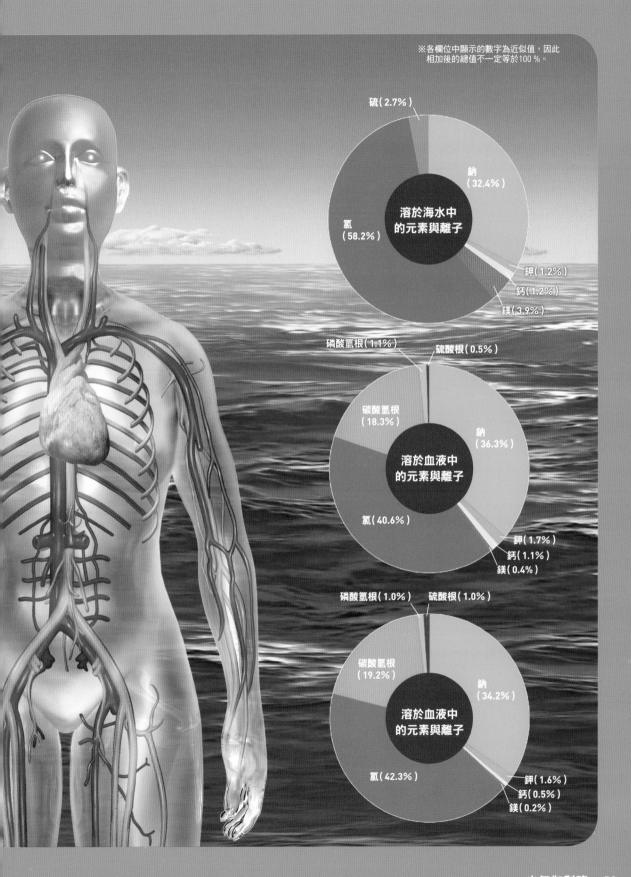

※各欄位中顯示的數字為近似值，因此
　相加後的總值不一定等於100％。

硫（2.7%）

鈉
（32.4%）

溶於海水中
的元素與離子

氯
（58.2%）

鉀（1.2%）

鈣（1.2%）

鎂（3.9%）

磷酸氫根（1.1%）　　　　硫酸根（0.5%）

碳酸氫根
（18.3%）

溶於血液中
的元素與離子

鈉
（36.3%）

氯（40.6%）

鉀（1.7%）

鈣（1.1%）

鎂（0.4%）

磷酸氫根（1.0%）　　　硫酸根（1.0%）

碳酸氫根
（19.2%）

溶於血液中
的元素與離子

鈉
（34.2%）

氯（42.3%）

鉀（1.6%）

鈣（0.5%）

鎂（0.2%）

電池的電是離子產生的

在負極產生的電子經過燈泡傳往正極

這 邊開始來探討離子與電池之間的關係。

在乾電池以及智慧型手機的電池中,提供電流的就是離子。

將兩種不同的金屬導線相連,並放入電解液(溶有離子的液體)之中,金屬就會分別成為正極與負極,並讓導線通電,這是電池的基本原理。

右圖是物理學家伏特於1800年發明的「伏打堆」,是將鋅(Zn)片作為負極,銅(Cu)片當作正極,並以稀硫酸(H_2SO_4)作為電解液而

伏打堆

將鋅片與銅片以導線相連放入電解液之中,這時在負極的鋅片上,鋅原子會放出電子而形成鋅離子(Zn^{2+}),並溶解於電解液之中。負極放出的電子會朝向正極流動。與此同時,在正極的銅片上,氫離子(H^+)會接收電子並形成氫原子(H),而氫原子之間又會互相結合,並形成氫氣(H_2)。在電解液之中,氫離子會朝向正極移動,而硫酸根離子($SO_4{}^{2-}$)則會朝向負極移動。這些反應也讓導線產生了電的流動。

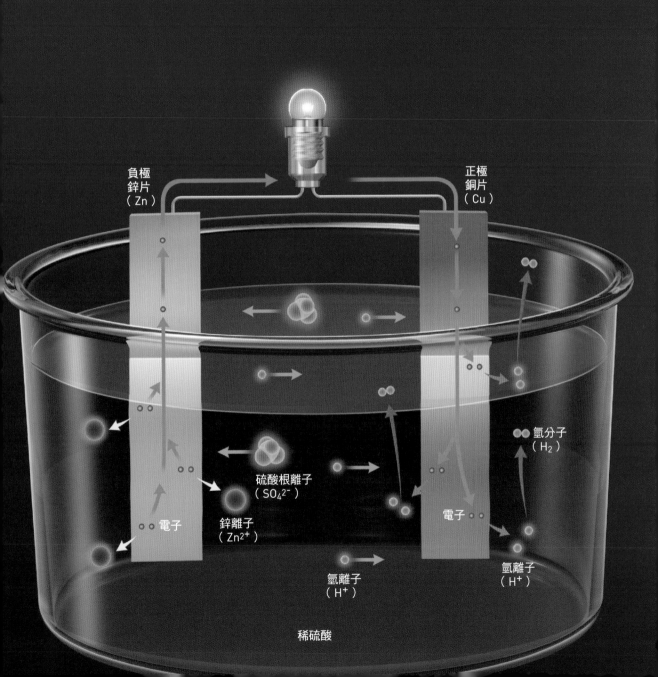

負極
鋅片
（Zn）

正極
銅片
（Cu）

硫酸根離子
（SO₄²⁻）

電子

鋅離子
（Zn²⁺）

電子

氫分子
（H₂）

氫離子
（H⁺）

氫離子
（H⁺）

稀硫酸

哪種金屬容易形成陽離子呢？

鋅比銅更容易形成陽離子

在上一頁介紹了電池的基本原理。不過為什麼只要將鋅片與銅片以導線相連，放入電解液中，就能夠讓導線通電呢？

當金屬被放入電解液中，金屬會傾向於放出電子形成陽離子。根據金屬種類的不同，形成陽離子的難易程度（離子化傾向）也不同。因此，導線就能夠產生電流。

下圖中是將金屬以形成陽離子的

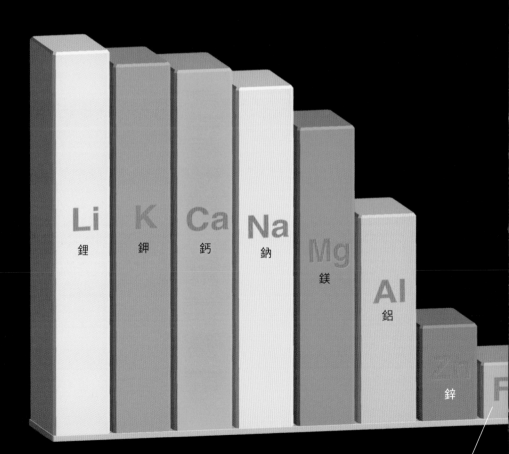

Li 鋰　K 鉀　Ca 鈣　Na 鈉　Mg 鎂　Al 鋁　鋅

容易形成陽離子

難易程度排列而成的「離子化序列」。越靠近左邊的金屬，就是越容易形成陽離子的金屬。

若是將鋅與銅相比，由於鋅位在比較左側，因此是相對容易形成陽離子的金屬。當我們將鋅片與銅片以導線相連，放入硫酸水溶液中，較易形成陽離子的鋅片會放出電子而形成鋅離子（Zn^{2+}），並溶於電解液中。此時鋅片放出的電子會透過導線，向著銅片流動。

離子化序列

越靠近左邊的，是越容易形成陽離子的金屬。金屬形成陽離子的難易程度，是以氫氣形成陽離子的難易程度為基準。

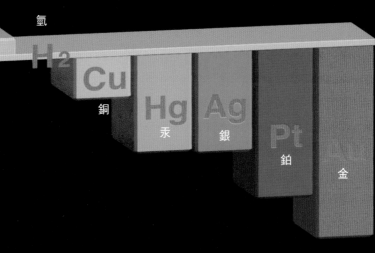

鎳

錫　　　鉛
Sn Pb　　　　　　　　不易形成陽離子
　　　　　　氫
Ni　　　H₂ Cu
　　　　　　　銅　　Hg Ag
　　　　　　　　　　汞　　銀　　Pt
　　　　　　　　　　　　　　　鉑　　金

電池的基本原理都是一樣的

由離子形成電的流動

「碳鋅乾電池」是最初普及化的乾電池。右圖中描繪了它的運作原理。

碳鋅乾電池是以鋅與二氧化錳（MnO_2）作為電極，以氯化鋅（$ZnCl_2$）與氯化銨（NH_4Cl）的水溶液為電解液而形成。

將糊狀的電解液與二氧化錳、石墨（C）的粉末一起封入容器中，就能形成不易漏出液體的「乾」電池。這時只要將負極的鉛與正極的二氧化錳以導線相連，鉛離子就會溶於電解液中，並讓導線產生電流。

由此可見，不管是什麼種類的電池，它們的基本原理都是透過離子來

碳鋅乾電池

碳鋅乾電池的負極是以鋅構成的容器，並裝入當作正極的二氧化錳以及電解液。當碳鋅乾電池的正極與負極透過導線相連時，負極放出的電子會向著正極流動。因此，只要將碳鋅乾電池的正極與負極相連，導線之中就會產生電流。

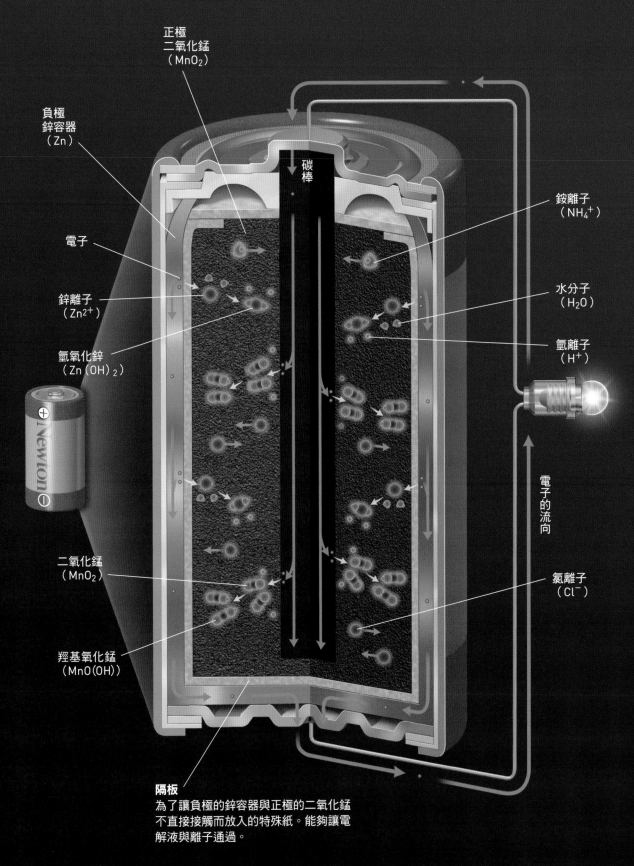

正極
二氧化錳
（MnO₂）

負極
鋅容器
（Zn）

電子

鋅離子
（Zn²⁺）

氫氧化鋅
（Zn（OH）₂）

碳棒

銨離子
（NH₄⁺）

水分子
（H₂O）

氫離子
（H⁺）

電子的流向

二氧化錳
（MnO₂）

氯離子
（Cl⁻）

羥基氧化錳
（MnO（OH））

隔板
為了讓負極的鋅容器與正極的二氧化錳
不直接接觸而放入的特殊紙。能夠讓電
解液與離子通過。

尋找次世代的離子電池

與鋰同族的鈉與鉀備受期待

在 2019年獲頒諾貝爾獎的吉野彰先生（日本旭化成公司名譽研究員），是開發鋰離子電池的其中一人。鋰離子電池是能夠充電與放電重複使用的電池（二次電池）。當鋰原子失去一個電子而形成鋰離子（Li^+）時，便會由電池的負極朝正極移動，並形成電的流動，而充電時則恰好相反，鋰離子會從正極朝向負極移動。

鈉離子電池的原理（放電時）

放電時，位於負極中的鈉原子會放出電子而形成鈉離子（Na^+），並在電解液中移動，最後在正極的位置接收電子。此時電子會通過導線從負極流向正極，進而形成電流，而在充電時發生的反應則剛好相反。

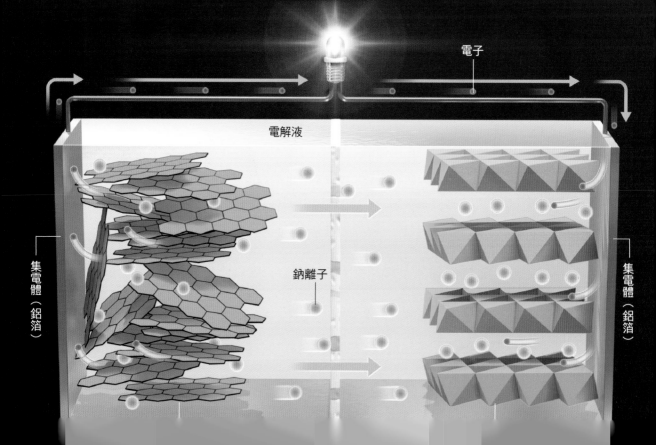

電子

電解液

鈉離子

集電體（鋁箔）

集電體（鋁箔）

使用離子化傾向高的金屬作為充電電池的素材時，電池的電壓較高，也更能發揮性能，因此目前主要是以鋰金屬作為素材。

不過由於鋰屬於「稀有金屬」，人們為了找尋它的替代品而展開研究。此時受到關注的是鈉以及鉀，這兩種金屬在地球上的存量豐富，價格也相對便宜。

由於鈉與鉀都和鋰都屬於週期表中第 1 族的元素，具有相當高的離子化傾向，性質也接近，因此備受期待能作為鋰金屬的替代材料。

離子半徑與電池的性能相關

下圖中顯示出鋰、鈉、鉀的離子半徑。與鋰相比，鈉和鉀的半徑較大，重量也比較重（原子量較大），因此不適合智慧型手機所需「小而輕的電池」。不過離子半徑越大的原子，越不容易受到漂浮在電解液中的陰離子吸引，因此更容易在正極與負極間移動，讓充電所需的時間縮短。鈉離子電池與鉀離子電池，更適合用於住宅或是工廠中「大容量的大型電池」。

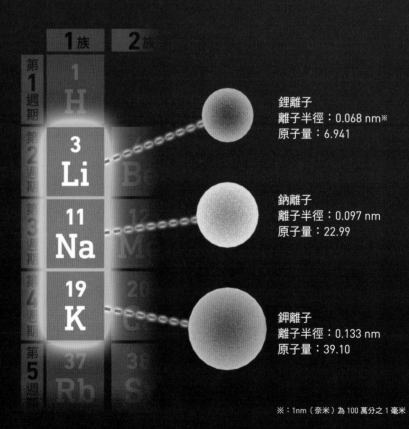

鋰離子
離子半徑：0.068 nm※
原子量：6.941

鈉離子
離子半徑：0.097 nm
原子量：22.99

鉀離子
離子半徑：0.133 nm
原子量：39.10

※：1nm（奈米）為 100 萬分之 1 毫米

Coffee Break

最古老的電池在西元前就有了？

據說世界上最早的電池並不是伏打堆，早在西元前 3 世紀就出現了。由於伏打堆是在1800年發明的，這中間相差了2000年以上。

位於伊拉克首都巴格達郊外的胡雅特拉布（Khujut Rabu）遺跡中，發現了名為「巴格達電池」的古物。巴格達電池是高14公分的土器，其中嵌有銅製的圓筒，中間又插著鐵製的棒子。其內部可能裝有紅酒或是醋來作為電解液。

經過復原及重現實驗，證實巴格達電池具有作為電池的功能。

巴格達電池
有一說為巴格達電池曾用於金或銀的電鍍。實際上是否曾經作為電池使用，至今仍未有定論。

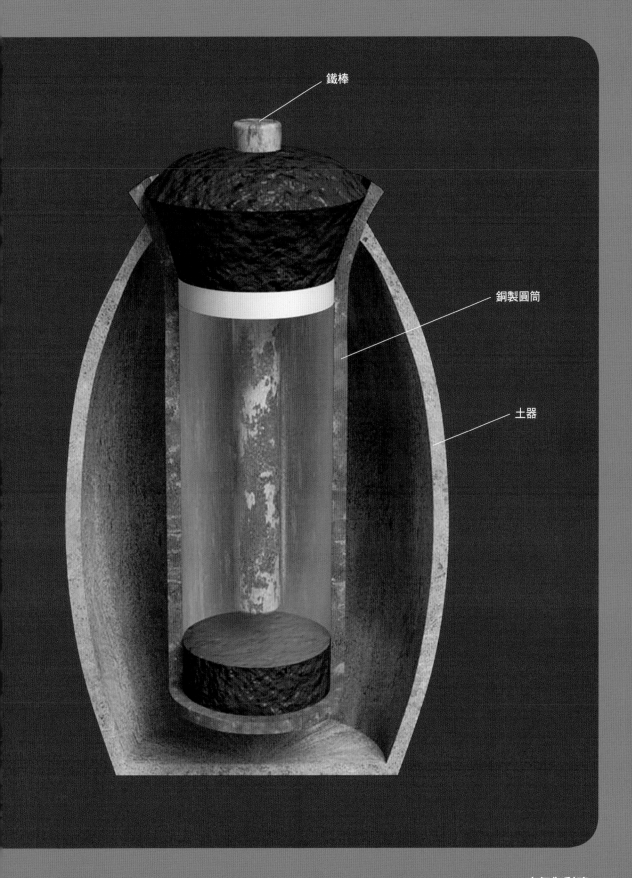

鐵棒

銅製圓筒

土器

電鍍技術是電池的逆反應

電鍍是指在金屬或非金屬製品的表面鍍上金屬的薄膜，以防蝕或裝飾等用途。電鍍是透過電，將離子變為原子的應用。換句話說，電鍍其實就是電池的逆反應。

用途廣泛的鎳金屬電鍍就是經常使用的電鍍反應，以此為例來了解電鍍具體的流程。

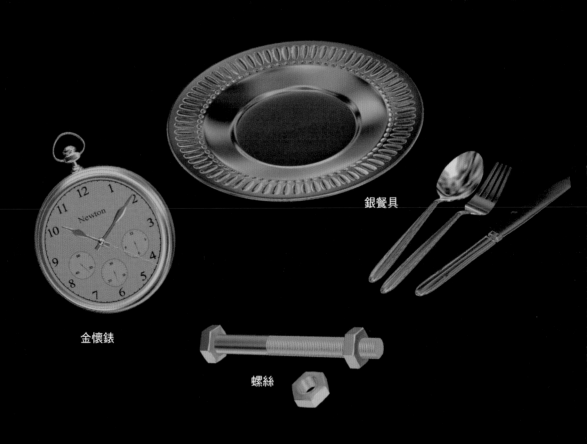

銀餐具

金懷錶

螺絲

首先，將鎳片接在電源的正極，並將想要電鍍的物體（比如銅片）放在電源的負極。位於正極的鎳片會放出電子，形成離子溶於水中。此時在負極的銅片上，帶有負電的電子便會被水溶液中的鎳離子吸收。

　　溶於水中的鎳離子吸收了電子後，會在物體的表面變化為原子。

於是銅的表面上就產生了一層鎳的覆蓋物。

鎳金屬電鍍的過程

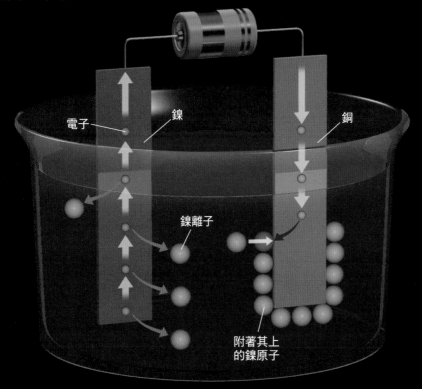

電子　　鎳

銅

鎳離子

附著其上
的鎳原子

要是沒有離子，細胞可是會破裂的！

將鈉離子排出以調整細胞內的壓力

這 頁將來介紹離子在人體內的運作情形。

人類的身體由大約270種、總數達60兆個細胞所組成。這些細胞其實也巧妙地運用了離子的特性。那麼，究竟是怎麼運用離子的呢？

實際上，細胞具有持續將離子排到細胞外的性質。若是細胞不再排出離子，那麼大量的水就會進入細胞內，並將細胞撐破。

細胞剖面圖

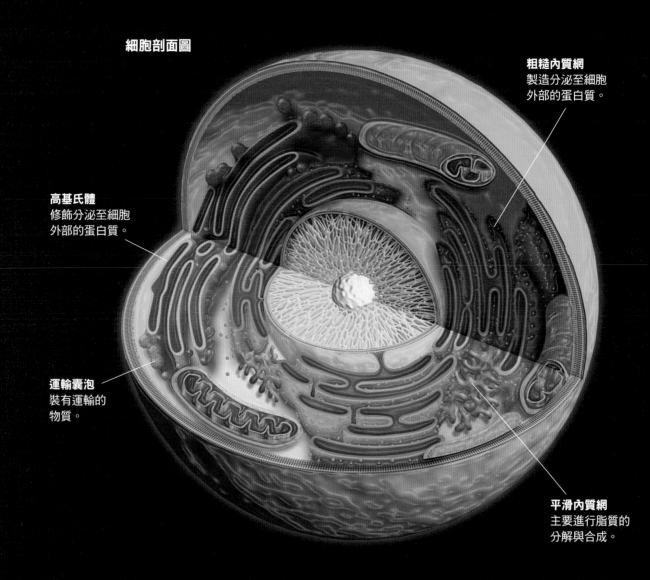

粗糙內質網
製造分泌至細胞外部的蛋白質。

高基氏體
修飾分泌至細胞外部的蛋白質。

運輸囊泡
裝有運輸的物質。

平滑內質網
主要進行脂質的分解與合成。

在細胞內部，有著許多對細胞運作而言不可或缺的物質，這些物質使細胞內部處於較「濃」的狀態。由於水的性質會從濃度較低處流向濃度較高處，因此若是放置不管，水就會從外部流向較「濃」的細胞內部。細胞為了預防這件事情發生，因此必須日以繼夜地將鈉離子排出細胞外。

另外，由於鈉離子會和細胞活動

所必需的物質一起進入細胞裡面，因此不會被耗盡。

要是細胞不將離子排出，大量的水就會進入細胞內

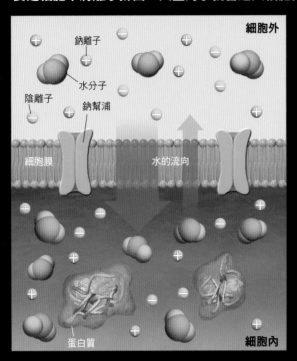

細胞內部含有蛋白質等多種物質。細胞膜具有能夠讓水滲透的性質。由於水具有從物質濃度較低處流向濃度較高處的性質，因此在上圖的情形，大量的水會流入細胞之內。

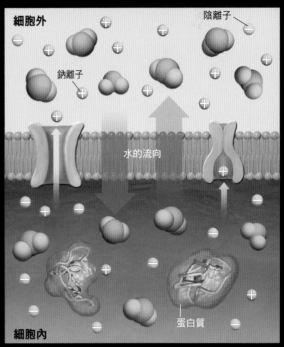

細胞不斷將鈉離子排到細胞外，來防止水的大量流入。

離子在血液中也扮演著重要角色

保持水分或是維持滲透壓

接下來讓我們看看，離子在血液之中扮演了什麼樣的角色吧。

在人體內不斷循環的血液，從動脈流向微血管，又從微血管滲出形成組織液，並流動於細胞與細胞間的空隙中。此時，離子就扮演了至關重要的角色。

像氯化鈉（NaCl）這樣的「電解

血液中的氯離子
血液中含量最多的陰離子是氯離子（Cl^-），氯離子會與水分子中帶有正電的部分（氫原子）互相吸引，並溶於水中。

氫原子（H）

氧原子（O）

水分子（H_2O）

氯離子（Cl^-）

質」，會在血液中分解為陽離子與陰離子。鈉離子是血液中主要的陽離子，其功能與保持水分、維持滲透壓相關。另一方面，氯離子是血液中含量最高的離子，在保持水分、維持滲透壓，以及陽離子與陰離子之間的平衡等，都扮演了重要的角色。

　除此之外，血液中還有著鉀離子、

鈣離子、鎂離子、碳酸氫根離子、磷酸氫根離子等各式各樣的離子，都分別扮演著重要的角色。

微血管

白血球

血液中的鈉離子
血液中含量最多的陽離子是鈉離子（Na$^+$），鈉離子會與水分子中帶有負電的部分（氧原子）互相吸引，並溶於水中。

紅血球

氫原子（H）

水分子（H$_2$O）

氧原子（O）

鈉離子（Na$^+$）

腦使用離子來
傳遞訊號

腦中的訊號是透過
鈉離子來傳遞的

腦 中的神經細胞，透過暫時性讓鈉離子進入細胞內部來傳遞訊號。右圖繪製的就是這個訊號傳遞的過程。

當神經細胞接收到訊號，會使帶有正電荷的鈉離子流入細胞內，進而產生局部性的電流。周圍的鈉離子通道（sodium channel）感應到電流後，會讓新的鈉離子流入，透過這樣一連串的連鎖反應，將訊號傳遞至突觸（synapse）。而在訊號傳遞結束後，神經細胞會再度將鈉離子排出，回到原本的狀態。

我們在思考、運動時所傳遞的各式各樣的訊號，都是透過腦神經細胞的運作，將鈉離子流入細胞內部來進行傳遞。

神經細胞傳遞訊號的原理

神經細胞利用離子來傳遞資訊。在正常的情況下，鈉離子會被細胞排至細胞外（**1**）。接收到訊號之後，鈉離子通道會讓鈉離子流入細胞內，並產生局部性的電流。感應到電流後，其他的鈉離子通道會讓新的鈉離子流入，透過一連串的連鎖反應將訊號傳遞至突觸（**2**）。傳遞結束後，鈉離子會再度被排出細胞外（**3**）。

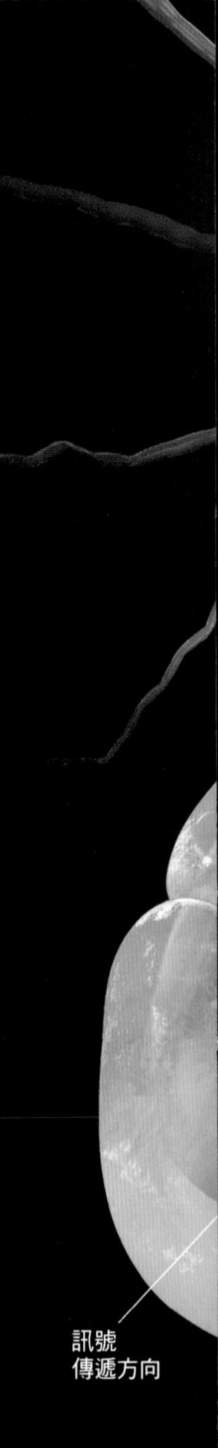

訊號
傳遞方向

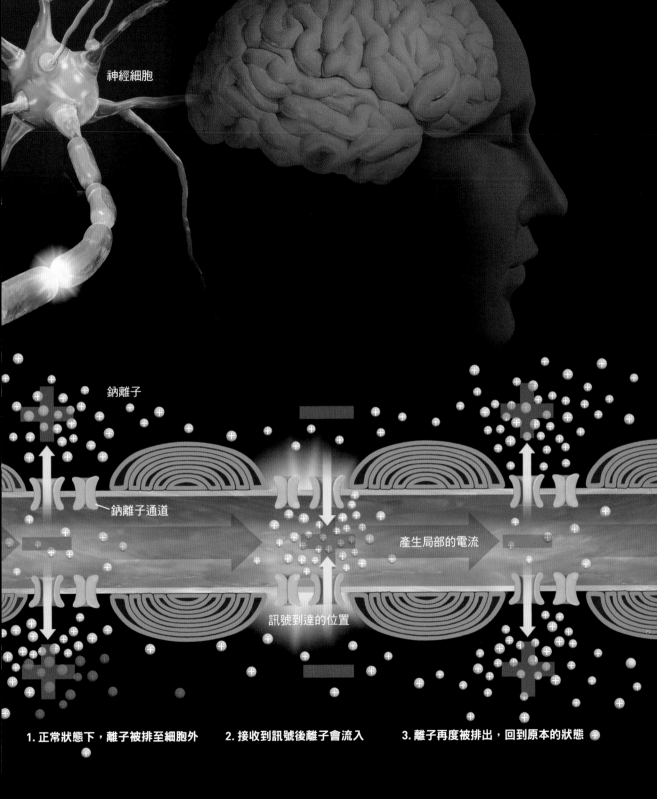

神經細胞

鈉離子

鈉離子通道

訊號到達的位置

產生局部的電流

1. 正常狀態下，離子被排至細胞外　　2. 接收到訊號後離子會流入　　3. 離子再度被排出，回到原本的狀態

胃利用離子來消化食物

透過氫離子的幫助
將蛋白質分解

人體在消化食物時，也運用到了離子。

胃的主要功能是消化（分解）食物中的蛋白質。分解蛋白質時，由胃壁分泌的鹽酸是不可或缺的。鹽酸是氫離子與氯離子溶於水中的產物。

「胃蛋白酶」（pepsin）這個酵素可以分解蛋白質，但胃蛋白酶只有在遇到氫離子時才會得到分解蛋白質的能力。

除此之外，氫離子還會與食物中的蛋白質結合，使其變得容易分解。蛋白質的構造像是一條緊密纏繞在一起的繩子，而氫離子透過與蛋白質結合，將糾纏在一起的結構解開，就容易分解了。

胃便這樣透過氫離子的協助，得以將蛋白質分解。

胃分解蛋白質的原理

胃中的細胞會分泌鹽酸（氫離子與氯離子）（1）。鹽酸中的氫離子，能夠啟動分解蛋白質的酵素「胃蛋白酶」（2），並解開蛋白質緊密糾纏的結構（3）。因此離子在各個層面與消化息息相關。

氫離子

氯離子

胃蛋白酶

1. 分泌鹽酸（氫離子與氯離子）
   與胃蛋白酶

2. 氫離子賦予分解能力

食物
（蛋白質）

3. 氫離子解開蛋白質的
   結構，使其容易分解

胃蛋白酶將蛋白質分解（消化）

「強酸」與「弱酸」的差別是什麼？

氫離子濃度的差異，造成強酸與弱酸的差別

胃 分泌用來消化食物的胃酸（鹽酸），是酸性非常強的物質。

那麼，酸性較強的「強酸」與較弱的「弱酸」差別到底是什麼？造成這兩者之間差別的，其實是氫離子濃度的差異。

比方說，強酸中最有代表性的鹽酸，在水中會幾乎完全分解為氫離子與氯離子。不過像調味用的醋（醋酸）這樣的弱酸，只有一部分會分解為氫離子與氯離子。因此，水中的氫離子濃度是比較低的。

胃由於必須要快速消化各式各樣的物質，需要大量氫離子。因此，胃必須透過分泌強酸來產生所需的大量氫離子。

酸是什麼？

溶於水中就會成為鹽酸的氯化氫（HCl），若是和氨氣反應，就會形成銨離子以及氯離子。能夠給予氫離子的叫做酸，而得到氫離子的就叫做鹼。

強酸與弱酸的差異為何？

液體該算強酸或弱酸，取決於氫離子的濃度。在水中，鹽酸會幾乎完全分解為氫離子與氯離子，但像醋酸這樣的弱酸，只有一部分會分解為離子。

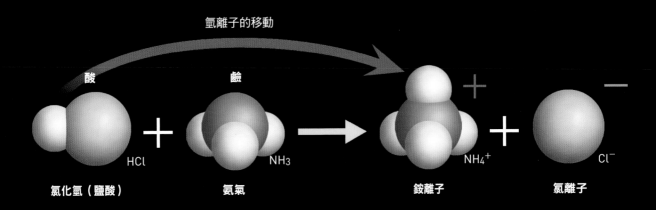

氫離子的移動

酸　　　　　　　鹼

HCl　　　　　　NH₃　　　　　　　　　NH₄⁺　　　　　　Cl⁻

氯化氫（鹽酸）　　　氨氣　　　　　　　　鋞離子　　　　　　氯離子

鹽酸　　　　　　　　　　　　　醋酸（醋）

氯離子　　　氫離子

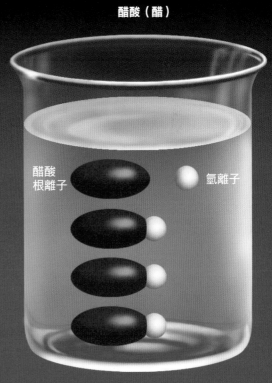

醋酸根離子　　氫離子

人的眼淚是酸性？還是鹼性？

在 常溫下的純水，1 公升含有大約0.0000001莫耳（1 莫耳為6.02×10²³個）的氫離子，也可寫成每 1 公升含有10的負 7 次方（10^{-7}）莫耳。當氫離子的濃度表現為「10的負幾次方」，這時的次方數就可以寫成「pH」（氫離子濃度指數）。pH值為 7 的液體為「中性」，pH值未達 7

生活中的酸性與鹼性物質

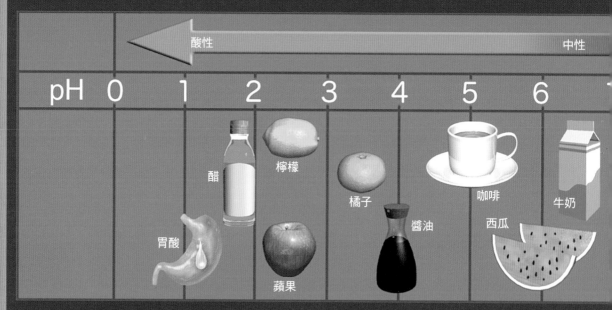

pH	0	1	2	3	4	5	6

酸性　　　　　　　　　　　　　　　　中性

胃酸　醋　檸檬　蘋果　橘子　醬油　咖啡　西瓜　牛奶

的液體為「酸性」，pH值大於 7 的液體為「鹼性」。

那在我們的身邊，究竟有哪些物質是酸性，哪些是鹼性呢？

下圖表示了生活周遭物質的酸鹼性。從中可以發現，大部分物質都屬於酸性。

相對來說，血液卻具有弱鹼性。我們的身體自有一套機制來維持血液的弱鹼性。而眼淚比起血液，鹼性稍微強一些。

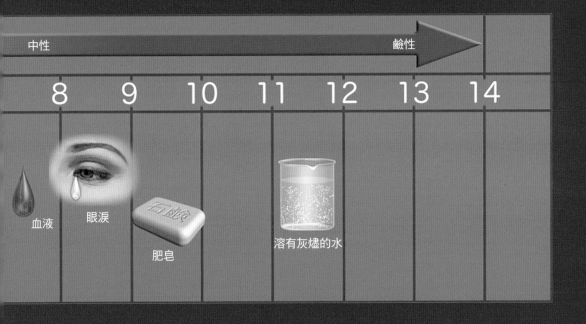

中性　　　　　　　　　　　　　　　　　　鹼性

8　　9　　10　　11　　12　　13　　14

血液　眼淚　肥皂　　　溶有灰燼的水

這本《元素與離子》到此告一段落。乍看之下，原子具有相同數量的質子與電子，應該是最穩定的。不過，依據元素種類不同，或許經由原子之間給予或得到電子，形成離子後才更穩定。是不是有些不可思議呢？

日常生活中處處受益於元素的離子化。五彩繽紛的煙火是離子造成的，鋰離子電池也用到了離子，離子在人體內更是扮演著重要的角色。

若是各位讀者能以本書為契機，對元素與離子的主題產生興趣的話，將是我們莫大的榮幸，還想更深入瞭解元素的特質，可參考人人伽利略系列《完全圖解 元素與週期表：解讀美麗的週期表與全部118種元素！》

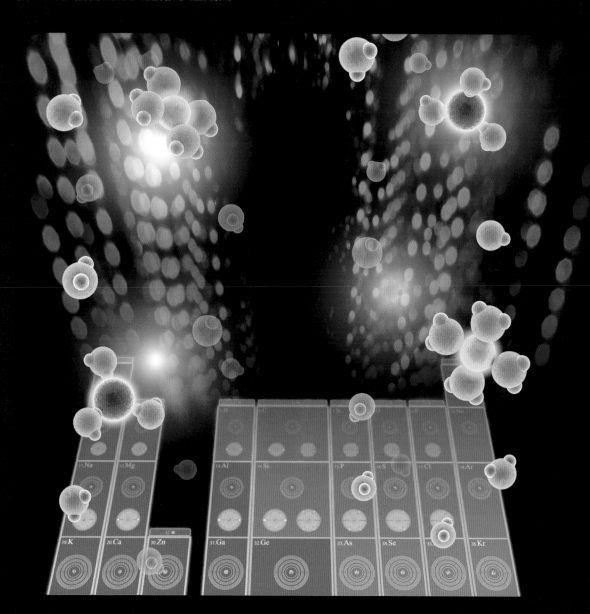

人人伽利略 科學叢書04

國中·高中化學
讓人愛上化學的視覺讀本

「化學」就是研究物質性質、反應的學問。所有的物質、生活中的各種現象都是化學的對象，而我們的生活充滿了化學的成果，了解化學，對於我們所面臨的各種狀況的了解與處理應該都有幫助。

本書從了解物質的根源「原子」的本質開始，再詳盡介紹化學的導覽地圖「週期表」、化學鍵結、生活中的化學反應、以碳為主角的有機化學等等。希望對正在學習化學的學生、想要重溫學生生涯的大人們，都能因本書而受益。

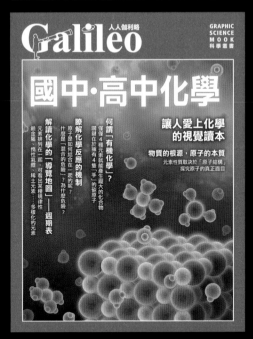

定價：420元

伽利略科學大圖鑑02

物理大圖鑑

伽利略科學大圖鑑系列將每個單元以跨頁來呈現，主題明確，領域廣泛，適合當作課外讀物，增進閱讀素養。

本書從基礎的力與運動、氣體與熱、波、電與磁，到原子、物理學與宇宙，以及量子力學、相對論等內容，適合國高中程度的學生閱讀增進興趣，甚至對科學有興趣的小學高年級學生，也會感受到這本書的魅力。

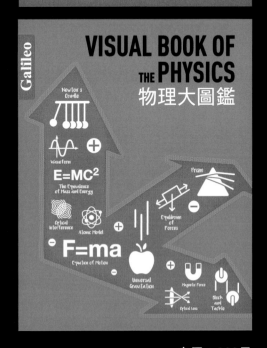

定價：630元

【 少年伽利略 17 】

元素與離子
離子的構成與化學用途

作者／日本Newton Press
特約主編／王原賢
翻譯／馬啟軒
編輯／林庭安
商標設計／吉松薛爾
發行人／周元白
出版者／人人出版股份有限公司
地址／231028 新北市新店區寶橋路235巷6弄6號7樓
電話／（02）2918-3366（代表號）
傳真／（02）2914-0000
網址／www.jjp.com.tw
郵政劃撥帳號／16402311 人人出版股份有限公司
製版印刷／長城製版印刷股份有限公司
電話／（02）2918-3366（代表號）
經銷商／聯合發行股份有限公司
電話／（02）2917-8022
第一版第一刷／2022年01月
定價／新台幣250元
　　　　港幣83元

國家圖書館出版品預行編目（CIP）資料

元素與離子：離子的構成與化學用途
日本Newton Press作；
馬啟軒翻譯. -- 第一版. --
新北市：人人，2022.01
面；公分. —（少年伽利略；17）
ISBN 978-986-461-269-7（平裝）
1.元素 2.離子 3.通俗作品

348.21   110019809

NEWTON LIGHT 2.0 GENSO TO ION
Copyright © 2021 by Newton Press Inc.
Chinese translation rights in complex
characters arranged with Newton Press
through Japan UNI Agency, Inc., Tokyo
www.newtonpress.co.jp

Staff

Editorial Management　　木村直之
Design Format　　米倉英弘＋川口 匠（細山田デザイン事務所）
Editorial Staff　　上月隆志，谷合 稔

Photograph

2〜3　　　Visuals Unlimited/PPS通信社

Illustration

Cover Design	宮川愛理	46〜53	Newton Press
4〜5	Newton Press	54〜55	吉原成行，（硫酸イオンの3Dモデル）日本蛋白質構造データバンク（PDBj）
6〜9	加藤愛一		
10〜15	Newton Press	56〜57	Newton Press
16〜17	小林 稔	58〜59	吉原成行，（アンモニウムイオンの3Dモデル）日本蛋白質構造データバンク（PDBj）
18〜21	Newton Press		
22〜23	谷合 稔	60〜61	Newton Press
24〜37	Newton Press	63〜65	富﨑 NORI
38〜39	小林 稔	66〜77	Newton Press
40〜43	Newton Press		
44〜45	Newton Press,（ショ糖の3Dモデル）日本蛋白質構造データバンク（PDBj）		